优质的龙虾种

优质虾

大规格虾种

甲壳溃疡病

U0231106

蚯蚓

水霉病

患肠炎的小龙虾

刚刚抱卵的虾

附肢残缺的小龙虾

刚打不久的洞　　　　　　　稻虾连作　　　　　　水葫芦是龙虾喜欢的地方

菹草　　　　　　　　　　正在栽草　　　　　这样的底质是不适宜养龙虾的

水底青苔过多是不适宜养龙虾的　　　水草为小龙虾提供攀爬附着的场所

虾塘改造　　　　　　　池塘养龙虾，沉水草和挺水草都要有

龙虾生态养殖

龙虾标准化生态养殖池

虾塘暴晒至开裂

下池前的虾苗要用食盐等消毒后
再入池可以有效地预防水霉病

养虾池内青苔要清除

用地笼检查小龙虾

小龙虾养殖池对水草的养护

小龙虾养殖池的微孔增氧

用生石灰对池塘消毒

泼洒生物制剂来预防疾病

中毒死亡的小龙虾

螺蛳是小龙虾的好饵料

虾种在放养前
要集中消毒处理

对养虾水质进行监测

芽胞杆菌

小龙虾的挑选与分检

用地笼张捕小龙虾

水产生态养殖丛书

XIAOLONGXIA
BIAOZHUNHUA
SHENGTAI YANGZHI JISHU

标准化生态养殖技术

占家智　羊　茜　编著

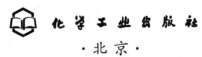

化学工业出版社

·北京·

小龙虾市场火爆，养殖小龙虾为农民致富的重要途径，作者在多年为广大渔农民服务，积累丰富生产实践和理论知识的基础上，结合生产实际编写了本书。本书重点解决生产实际问题，对各种养殖方式进行详细的阐述，内容涉及小龙虾标准化养殖技术、各种生态养殖模式阐述、小龙虾的繁殖与苗种培育、水草种植和疾病防治等方面。希望本书能成为广大农民朋友致富的好帮手！

图书在版编目（CIP）数据

　　小龙虾标准化生态养殖技术/占家智，羊茜编著.
北京：化学工业出版社，2015.1（2019.1重印）
　　（水产生态养殖丛书）
　　ISBN 978-7-122-22144-5

　　Ⅰ.①小⋯　Ⅱ.①占⋯②羊⋯　Ⅲ.①龙虾科-淡水养殖-标准化管理　Ⅳ.①S966.12

　　中国版本图书馆 CIP 数据核字（2014）第 248356 号

责任编辑：李　丽　　　　　　　文字编辑：焦欣渝
责任校对：李　爽　　　　　　　装帧设计：孙远博

出版发行：化学工业出版社（北京市东城区青年湖南街 13 号　邮政编码 100011）
印　　刷：北京京华铭诚工贸有限公司
装　　订：三河市骏发装订厂
850mm×1168mm　1/32　印张 8¼　彩插 2　字数 164 千字
2019 年 1 月北京第 1 版第 7 次印刷

购书咨询：010-64518888　　　　　　售后服务：010-64518899
网　　址：http://www.cip.com.cn

定　　价：29.00 元

前言 PREFACE

从湖北武汉的"麻辣小龙虾"（又称麻小）到江苏盱眙的"十三香龙虾""蒜泥龙虾"，再到安徽合肥的宁国路、芜湖路、巢湖南路的"龙虾街"和他们的"四大名旦"等优质小龙虾菜肴品牌，可以毫不夸张地说，全国各地都掀起吃小龙虾、养小龙虾、发小龙虾财的热潮。

小龙虾的味道鲜美、营养丰富、肉质细嫩，在市场上备受青睐，目前已经成为我国优良的淡水养殖新品种，也是近年来最热门的养殖品种之一。但是由于人们对小龙虾的过度热爱，野生的小龙虾资源正日益减少，市场价格不断攀升，因此人工养殖的前景非常广阔，许多地方都先后把小龙虾养殖作为农民致富的重要手段而加以推广。

为了探讨小龙虾的标准化与生态养殖技术，我们在多年为广大渔农民服务，拥有丰富的生产实践和理论知识的前提下，编写了本书。本书重点解决在生产实际中的问题，对各种养殖方式进行详细的阐述，内容涉及小龙虾标准化养殖技术、各种生态养殖模式的研究与探讨、小龙虾的繁殖与苗种培育、水草种植和疾病防治等方面。

由于作者的水平和能力有限，不到之处，恳请读者朋友予以批评指正！

占家智

2015 年 1 月

目 录 CONTENTS

第一章 概 述

第二章　池塘标准化养殖小龙虾

第四章　稻田生态养殖小龙虾

第七章　小龙虾的繁殖

第八章　小龙虾的幼虾培育

第九章 小龙虾的运输

第十章 小龙虾的病害防治

参 考 文 献

第一章 概　　述

第一节　小龙虾标准化
生态养殖简介

一、小龙虾标准化生态养殖

小龙虾标准化生态养殖就是指在有限的空间范围内，利用无污染的池塘、水库、湖泊、江河等水域，以饲料尤其是天然活饵料为纽带，运用标准化技术措施，改善养殖水质和生态环境，按照特定的养殖模式，来饲养和繁殖小龙虾及水生经济植物的生产活动，从而形成一个循环链，目的是最大限度地利用资源，减少浪费，降低成本。标准化生态养殖的小龙虾因其品质高、口感好而备受消费者欢迎，产品供不应求。

二、实施小龙虾标准化生态养殖的意义

1. 促进小龙虾养殖方式的转变

小龙虾标准化生态养殖对小龙虾养殖池塘的要求和标准越来越高。通过合理规划，改造升级养殖池塘的标准化建设，健全配套设施，采用生态养殖的模式，进一步拓展池塘功能，可充分发挥标准化生态养殖池塘对现代渔业和渔区经济发展的支撑作用和聚集作用，促进小龙虾产业与

其他相关产业协调发展，同时也促进小龙虾产业升级换代和产业结构战略性调整，实现养殖方式和小龙虾养殖业增长方式的根本性转变。

2. 提升质量安全水平

标准化生态养殖属于农业生态经济复合系统，实现了经济效益、社会效益和生态效益的有机统一，是适应市场经济发展的现代化养殖模式。相对于集约化、工厂化养殖方式来说，标准化生态养殖是让小龙虾在自然生态环境中或模拟的自然生态环境中按照自身原有的生长发育规律自然地生长，而不是用促生长剂让其违反自身原有的生长发育规律快速生长。

通过对小龙虾标准化生态养殖池塘的清淤、挖深、护坡以及水、电、路配套改造后，可增强水产养殖防灾减灾能力。同时，通过改造池塘养殖环境、分设进排水渠道、配备养殖机械设备、增加水处理设施和采用生态养殖方式等措施，将小龙虾标准化生态健康养殖技术进行集成并推广应用，改善小龙虾标准化生态养殖的生产条件和生态环境，可减少养殖病害发生，减少养殖用药投入，提高小龙虾质量，同时也提升了小龙虾的安全水平，增强小龙虾的市场竞争力。

3. 减少对人体的危害

小龙虾等水产动物在长期的养殖中，尤其是工厂化养殖中，经常会使用各种抗生素添加剂，时间一长就会导致小龙虾体内致病微生物耐药性不断增加，对疾病的抵抗力越来越差，导致抗生素剂量越来越大，同时对于鱼塘的水质和底质也造成难以估量的损害，使鱼塘生态环境遭到极大的破坏，病原微生物大量增殖，形成恶性循环。随着科学技术的发展和人们保健观念的转变，越来越多的人意识到养殖环节滥用抗生素对人体产生的危害，限制养殖环节中抗生素使用的呼声日益高涨。

采用标准化生态养殖的一个重要原则就是依靠天然活饵料对小龙虾起生长促进作用，不使用或尽可能地少使用各种抗生素，从而减少对小龙虾产品的污染，也就直接减少了对人体的危害。

三、小龙虾实施标准化生态养殖的模式

小龙虾实施标准化生态养殖的模式主要有三大类：

1. 小龙虾标准化养殖模式

主要模式有池塘标准化养殖、网箱标准化养殖等技术，也就是采用标准化的技术手段，对虾池的改造、网箱的制造与设置、饲料选用与投喂、水质和底质的改良、管理技巧等都实行标准化的操作。

2. 小龙虾的生态混养模式

就是充分利用小龙虾和其他水产品的栖息空间、饵料、养殖季节方面的差异性，采用科学的混养措施，达到生态养殖的目的。

3. 小龙虾的立体生态养殖模式

就是在小龙虾池塘里栽种茭白、慈姑等水生植物，实现动植物间的互惠互利，从而达到立体养殖的效果。

第二节　小龙虾的概况

一、小龙虾名称的来源

小龙虾学名叫克氏原螯虾，具有虾的明显特征，整个

身体由 20 节组成，分为头胸部和腹部，其形态与海水龙虾相似，故称为"龙虾"，又因它的个体比海水龙虾小而称为"小龙虾"。同时，为了和海水龙虾相区别，加上它是生活在淡水中的，因而在生产上和应用上常被称为淡水小龙虾。

二、小龙虾的故乡

根据研究，美国、加拿大和墨西哥等国是小龙虾的故乡。美国路易斯安那州是小龙虾的主要产区，这个州已经把小龙虾的养殖当作农业生产的重要组成部分，并把虾仁等小龙虾制品销往世界各地。

三、小龙虾在中国的发展

小龙虾并不是直接从美国传入中国，而是先从美国引入日本，1918 年左右才从日本传入中国，在江苏的南京、安徽的滁州、当涂一带生长繁殖。20 世纪 50 年代，小龙虾在我国还不多见。20 世纪 80 年代，我国水产专家开始关注小龙虾，华中农业大学的魏青山教授开始做这方面的基础研究，张世萍教授也在 90 年代开始涉足这方面的研究。与此同时，澳大利亚的红螯虾（俗称也叫淡水龙虾）也被引进我国并做了一些基础性研究，尤其是华中农业大学的陈孝煊教授和吴志新老师做了大量的工作，取得非常宝贵的第一手资料。目前，小龙虾已经由"外来户"变为"本地居民"了，成为我国主要的甲壳类经济水生动物之一，它的受欢迎程度和市场经济价值直逼我国特产的中华绒螯蟹，长江南北都能见到它的踪迹，特别是江淮一带气候宜人，水网众多，已经成为小龙虾的主要产区。到

2006 年，我国不仅成为世界小龙虾生产的大国，也成为出口大国。

2000 年后，我国安徽、江苏、上海、湖北等省先后开展了小龙虾的人工繁殖工作。例如湖北省水产科学研究所在 2005 年取得室外规模化人工繁殖的突破，繁殖小龙虾苗近 100 万尾；安徽省滁州地区于 2007 年取得了千亩（1 亩 = 666.67 米²）连片稻田轮作示范区亩产 200 斤（100 千克）产量的成绩。

四、小龙虾的适应性

小龙虾适应性强，无论是在温度还是在地理位置的适应能力方面，都显示了它超强的适应性。实验结果和生产实践中的标本采集表明，小龙虾在江湖、河沟、池塘、沼泽地、芦苇荡、大水面甚至一些富营养化非常严重的水体中均能生长繁殖，在我国已经成为了一种新的渔业养殖对象。

五、小龙虾的市场

1. 食用市场火爆

小龙虾肉质鲜美，营养丰富，是人们喜爱的一种水产食品。其可食部分较多，达 40%，虾尾肉占体重的 15%～18%。目前小龙虾销售市场前景广阔，很多国家都有吃小龙虾的习惯，欧美地区是小龙虾的主要消费市场。在美国，小龙虾不仅是重要的食用虾类，而且是垂钓的重要饵料，年消费量 6 万～8 万吨，自给能力不足 1/3。每年瑞典举行为期 3 周的龙虾节，进口小龙虾达 5 万～10 万吨。在中国，小龙虾的食用已经风靡全国，被越来越多的消费者青睐，已成为城乡大部分家庭的家常菜肴，特别是在江苏、浙江、上海，小龙虾已经成了很多人餐桌上必不可少的一道美味。尤其江苏省盱眙县每年举办的"龙虾节"更是闻名中外，让小龙虾的饮食文化走向世界，走向高端。小龙虾已经从以前被人不屑一顾的大排档进入了高档酒楼，其代表是盱眙"十三香龙虾"。在武汉、南京、上海、常州、无锡、苏州、合肥等大中城市，小龙虾的年消费量都在万吨以上。据调查，南京市一个晚上饭店、大排档的小龙虾销售量在 20000 千克左右。

2. 保健作用好

小龙虾具有防止胆固醇在人体内蓄积的作用，是一种高蛋白、低脂肪的健康保健食品，蛋白质含量占总重的 17.62%，氨基酸总量占蛋白质的 77.2%，脂肪含量不到 0.2%，而且所含的脂肪主要是由不饱和脂肪酸组成的，易于被人体吸收。小龙虾还含有人体所需的多种矿物质，矿物质含量为 1.6%，富含维生素 A、维生素 C、维生素 D，远远超过畜禽肉含量。小龙虾的蛋白质中，含有较多的原肌球蛋白和副肌球蛋白，经常食用小龙虾，具有补肾、壮阳、滋阴、健胃的功能。小龙虾比其他虾类含有更多的铁、钙，小龙虾虾壳和肉都对人体健康很有利，对多种疾病有疗效。

3. 饲料原料市场有需求

小龙虾的结构相对简单，除去甲壳后的身体是许多鱼类和经济水产动物重要的饵料来源，十多年前河蟹养殖者都喜欢用小龙虾作为饲料。小龙虾经加工后的废弃物也可作为饲养其他动物的饲料。

4. 工业市场附加值高

小龙虾的工业价值不断被开发，根据资料表明，小龙虾虾头和虾壳含有 20％的虾壳素。从小龙虾的甲壳中提取的虾青素、虾红素、甲壳素、鞣酸及其衍生物被广泛应用于食品、工业、医药、饮料、造纸、印染、日用化工、农业和环保等方面。甲壳加工投资少、效益高。

5. 在国际市场上广受欢迎

2000 年以前，由于小龙虾的整虾食用开发较缓慢，它的利用价值主要是体现在出口创汇上。尤其是虾仁部分，经冷冻或速冻后被出口到欧盟、日本、美国、东南亚地区、澳大利亚等市场，深受欢迎。近年来，又开发了虾黄、尾肉及整条虾出口。在美国，小龙虾的售价每千克可达 3.5～5 美元，每千克小龙虾尾肉售价可达 20 美元。

1988 年我国湖北省首次向瑞典出口小龙虾，这是我国第一次将小龙虾出口到国外，以后每年出口小龙虾创汇超过 5000 万美元。江苏是小龙虾加工出口的重点省份，全省有加工企业 60 多家，年加工小龙虾出口量 6000 吨左右。

随着小龙虾国际市场的打开，国内小龙虾加工企业增多，为小龙虾规模化养殖提供了产品销售保障。

六、小龙虾养殖前景广阔

长期以来，小龙虾的供应主要靠天然捕捞，从目前消费量和供求关系来看，小龙虾的自然资源已经远远满足不了国际、国内市场的消费需求，所以说小龙虾的养殖前景非常广阔。

1. 市场潜力大

无论是国内市场还是国际市场，无论是食用市场还是工业市场，小龙虾的市场需求量都非常大。这种紧张的市场供求关系，使小龙虾产业具有较高的经济效益和广阔的发展前景，养殖小龙虾的销路是不成任何问题的。发展小龙虾人工养殖不但可以解决市场供求矛盾，而且还开辟了一条农民致富的渠道。

2. 养殖推广难度低

小龙虾对环境的适应性较强，病害少，耐低氧，既能在池塘中进行小水体高密度养殖，也可以在河沟、湖泊、稻田、沼泽地等多种水体中自然增殖，养殖技术简便，易于普及，饲料来源方便，易于筹备。另外，小龙虾养殖苗种易解决，可自繁、自育、自养，不需复杂的人工繁殖过程，相对来说养殖要求非常低。加上它是甲壳类水生动物，具有能较长时间离水或穴居的习性，对不良环境的耐受力非常强，运输方便，成活率高。所以，小龙虾的养殖推广难度较低，老百姓容易掌握它的养殖技术。

3. 群众养殖热情高涨

从作者长期从事水产技术服务的情况来看，全国各地都有养殖小龙虾的成功案例，加上市场的追捧，现在群众的养殖热情高涨。例如安徽省滁州市广大渔（农）民对小龙虾养殖有着极大的热情，从 2005 年推广稻田养殖千亩后，现在小龙虾养殖面积已迅速发展达 5 万亩。小龙虾养殖模式也不断地发展，既可以虾稻连作、池塘单养，也可以鱼虾混养、河沟湖汊多渠道养殖；既可以零星养殖，也适宜规模养殖经营，是农民致富的好项目。

4. 农民增收快，示范效果好

根据调查，小龙虾池塘精养每亩产量在 150 千克左右，亩纯利润在 2000 元左右，比一般的池塘效益高；如果采用稻田养殖小龙虾或其他方式的混养殖，根据华东地区的调研表明，每亩稻田投虾种 20 千克，成本 500 元，每亩平均可以收获小龙虾 80 千克，收入 1800 元，每亩稻田仅养小龙虾的纯收入就达到 1000 元左右。由此可见，养殖小龙虾是农民实现快速致富的有效途径之一。高效的回报和看得见的利润让农民有信心养好小龙虾，发小龙虾财。

5.养殖成本相对较低

小龙虾的食性杂，以水体中的有机碎屑、水生植物、瓜果、蔬菜为主要食物来源，兼食动物性饵料及人工配制饲料，可以直接将植物转换成动物蛋白，在低密度养殖时无需投喂特殊的饲料。小龙虾生长速度较快，产量高，能量转换率高，养殖成本低，效益好。

6.小龙虾的生长周期短，资金回笼快

一般幼小的小龙虾经 2 个月左右的生长就可以上市，通过捕大留小的技术方案，可以采取循环养殖的方式，属于一次投放、常年受益的养殖模式。

七、小龙虾的种类

小龙虾的种类繁多，由于地域关系及长期的进化，已经形成了许多种类。根据资料表明，全世界现已查明的小龙虾有 590 多个种和亚种，其中分布最多的是北美洲，约有 400 多个种和亚种；其次是澳大利亚，约有 100 多种；欧洲有 15 种；南美洲有 8 种；亚洲有 7 种；非洲原只有马达加斯加岛有小龙虾，非洲大陆本没有小龙虾的分布，后来经人为引进，才形成了种群。我国土著小龙虾有 4 种，引进了好几种，但最形成规模和具市场价值的却是原产于美国的小龙虾。

八、小龙虾养殖模式的探索

1978 年美国国家研究委员会强调发展小龙虾的养殖，认为小龙虾养殖有成本低、技术易于普及、无需额外饵料、生长快、产量高等诸多优点，因此其是非常重要的水产资源，人们对它的利用也做了不少的研究。例如美国探索了"稻—虾""稻—虾—豆""虾—鱼""虾—牛"等混养轮作，最初的养殖方式是粗放养殖、混养，后来发展到各种形式的强化养殖。欧洲进一步探索了"小龙虾—沼虾—小龙虾"的轮作。澳大利亚探索了强化人工养殖模式等。我国科研工作者和生产实践相结合，也开发并推广了一些卓有成效的养殖模式，主要有："稻—虾"的轮作、套作和兼作；"虾—鱼"的混养；"虾—水生经济植物"的轮作；小龙虾的池塘养殖；小龙虾的湖泊增养殖等多种模式。

九、国外对小龙虾的开发利用研究

前苏联对小龙虾的养殖研究比较早，在 20 世纪初就开始了小龙虾的养殖试验，30 年代对大湖泊实施虾苗人工放流，60 年代工厂化育苗实验成功，为小龙虾的示范推广提供了充足的苗种来源。

澳大利亚是近 20 年来小龙虾养殖发展最快的国家，它们主要是利用本地产的小龙虾资源，养殖方式主要有三种：一是湖泊、水库、沼泽地的粗放养殖，不需要人工投喂，进行简单粗放管理即可，平均单产为每亩 25 千克左右；二是池塘精养，需要投入较高的资金，需要人为投喂和科学的管理，经济效益显著，平均单产达每亩 200～250 千克；三是采用封闭系统超强化人工养殖，主要是全温控制养殖和水泥池流水养殖，产量极高。

美国是小龙虾养殖最具成效的国家，产品除了食用外，主要是用作游钓业的钓鱼饵料的原材料。

欧洲早期利用小龙虾主要是以捕捞的方式进行，110年前就开始大规模捕捞利用小龙虾，当时捕捞产量非常大。后来由于病害的毁灭性打击，导致小龙虾的自然产量急剧下降，不能满足市场的需求，因此从20世纪60年代末到70年代初，欧洲各国开始从美国引进小龙虾，以便充分利用优越的自然条件来恢复小龙虾资源。例如瑞典从1969年至1986年连续18年向湖泊、河流、池塘中投放幼虾和成虾，可见该国恢复小龙虾资源的决心和力度，效果非常明显。

由于地理纬度的影响，非洲大陆本没有小龙虾的分布，经人为引进和不断开发，现在非洲已经成为欧美各国重要的小龙虾供应地了。例如肯尼亚在20世纪70年代就引进小龙虾进行养殖，南非、津巴布韦、马达加斯加等国从80年代后又从澳大利亚、美国等地引进多种小龙虾进行养殖。

亚洲的小龙虾有7种，基本分布在中国、朝鲜、土耳其、日本及前苏联的西伯利亚等地。日本以前主要是以天然产量为主，现在开始重视人工养殖。其产品主要是作为饲养牛蛙、鳗鱼的饵料。

第三节　小龙虾的生物学特点

一、分类与分布

小龙虾中文学名为克氏原螯虾，在分类学上与龙虾、河蟹、河虾及对虾同属于节肢动物门、甲壳纲、十足目。

小龙虾原产北美，现广泛分布于世界上多个国家和地区，主要分布的国家和地区有美国、墨西哥、澳大利亚、新几内亚、津巴布韦、南非、土耳其、叙利亚、匈牙利、波兰、保加利亚、西班牙。小龙虾在20世纪早期从日本传入我国，现广泛分布于我国的新疆、甘肃、宁夏、内蒙古、山西、陕西、河南、河北、天津、北京、辽宁、山东、江苏、上海、安徽、湘江、江西、湖南、湖北、重庆、四川、贵州、云南、广西、广东、福建及台湾等20多个省、市、自治区，形成可供利用的天然种群。特别是在长江中、下游地区生物种群数量较大，是我国小龙虾的主产区。

二、形态特征

1. 外部形态

小龙虾的体表具有坚硬的甲壳，俗称虾壳，身体由头胸部和腹部共20节组成，其中头部5节、胸部8节、腹部7节。

2. 内部结构

小龙虾体内包括消化系统、呼吸系统、循环系统、排泄系统、神经系统、生殖系统、肌肉运动系统、内分泌系统等八大部分。

三、栖息习性

小龙虾喜温怕光，为夜行性动物，营底栖爬行生活，有明显的昼夜垂直移动现象，白天光线强烈时常潜伏在水体底部光线较暗的角落（如石砾、水草、石块旁，草丛或洞穴中），光线微弱时或夜晚出来摄食。

从调查情况看，小龙虾对水体环境要求不高，在各种水体中都能生存，广泛栖息于淡水湖泊、河流、池塘、水库、沼泽、水渠、水田、水沟及稻田中，甚至在一些鱼类难以存活的水体中也能存活，但在食物较为丰富的静水沟渠、池塘和浅水草型湖泊中较多，说明该虾对水体的富营养化及低氧有较强的适应性。栖息地多为土质，特别是腐殖质较多的泥质，有较多的水草、树根或石块等隐蔽物。栖息地水体水位较为稳定的，则该虾分布较多。小龙虾栖息的地点常有季节性移动现象：春天水温上升，小龙虾多在浅水处活动；盛夏水温较高时就向深水处移动；冬季在洞穴中越冬。

四、迁徙习性

小龙虾有较强的攀援能力和迁徙能力，在水体缺氧、缺饵、污染及其他生物、理化因子发生剧烈变化而不适的情况下，常常爬出水体外活动，从一个水体迁徙到另一个水体。该虾喜逆水，逆水上溯的能力很强，这也是该虾在下大雨时常随水流爬出养殖池塘的原因之一。

五、掘穴习性

小龙虾与河蟹很相似，有一对特别发达的螯，有掘洞穴居的习惯。

1. 掘穴地点

调查发现，小龙虾掘洞能力较强，在无石块、杂草及洞穴可供躲藏的水体中，该虾常在堤边靠近水面处挖洞穴居。

2. 掘穴形状与深度

洞穴的深浅、走向与水体水位的波动、堤岸的土质及该虾的生活周期有关。在水位升降幅度较大的水体和虾的繁殖期，所掘洞穴较深；在水位稳定的水体和虾的越冬期，所掘洞穴较浅；在生长期，小龙虾基本不掘洞。洞穴一般圆形，向下倾斜，且曲折方向不一。

我们曾经在滁州市全椒县和天长市进行调查，在对122例小龙虾洞穴的调查与实地测量中，发现深度30~80厘米左右，约占测量洞穴的78%，部分洞穴的深度可超过1米。我们在天长龙集乡测量到最长的一处洞穴达1.94米，直径达7.4厘米。调查还发现，横向平面走向的小龙虾洞穴才有超过1米以上深度的可能，而垂直纵深向下的洞穴一般都比较浅。

3. 掘穴速度

小龙虾的掘穴速度是非常惊人的，尤其将其放入一个新的生活环境中更是明显。2006年，我们在天长市牧马湖一小型水体中放入刚收购的小龙虾，经一夜后观察，在沙壤土中，大部分小龙虾掘的新洞深度在40厘米左右。

4. 掘穴位置

在调查中发现，小龙虾所掘的洞口位置通常选择在相对固定的水平面处，但这种选择性也会因水位的变化而使洞口高出或低于水平面，故而一般在水面上下20厘米处小龙虾洞口最多。这种情况在稻田中是很明显的，在池底软泥处则几乎没有小龙虾洞穴的存在。

5. 掘穴保护

小龙虾在挖好洞穴后，多数都要加以覆盖，即将泥土等物堵住唯一的入口。

6. 掘穴的作用

实验观察表明，小龙虾喜阴怕光，光线微弱或黑暗时爬出洞穴，光线强烈时，则沉入水底或躲藏在洞穴中。尤其是当小龙虾处于蜕壳生长期和繁殖期时，也在洞穴中进行蜕壳和交配，防止被其他动物伤害。因而在养殖池中适当增放人工巢穴，能大大减轻该虾对池埂、堤岸的破坏。

7. 掘穴的危害

凡事都有两面性，掘洞是小龙虾自身的一种保护行为，对小龙虾是非常有作用的，但许多学者也认为，小龙虾的打洞行为是有害的，尤其是对河堤、池塘、库坝可能会造成毁灭性的破坏。蔡生力教授认为，1998 年长江中下游遭受洪灾时，很多堤坝的险情都与小龙虾的破坏有关。

六、生态环境

水体是小龙虾生存的环境，水质的好坏直接影响着小龙虾的健康和发育，良好的水质条件可以促进虾体的正常发育。在 pH 值为 5.8～8.2、温度为 -15～40℃、溶氧量不低于 1.5 毫克/升的水体中都能生存，在我国大部分地区都能自然越冬。最适宜小龙虾生长的水体 pH 值为 7.5～8.2，溶氧量为 3 毫克/升，水温 20～30℃，水体透明度在 20～25 厘米。

七、自我保护习性

小龙虾的游泳能力较差，只能作短距离的游动，常在水草丛中攀爬，抱住水体中的水草或悬浮物将身体侧卧于水面，当受惊或遭受敌害侵袭时，便举起两只大螯摆出格斗的架势，一旦钳住后不轻易放松，放到水中才能松开。

八、强烈的攻击行为

小龙虾的攻击性相当强，在争夺领地、抢占食物、竞争配偶时，这种攻击性更加明显。根据 Ameyaw-Akumfi 1976 年的报道，小龙虾在第二期幼体时就显示了强烈的种内攻击行为。当两只小龙虾相遇时，两虾都会将各自的两只大螯高高竖起，伸向对方，呈战斗状态，在对峙约 10 秒钟后，即发起攻击，直至一方承认失败并退却后，这场战争才算告一段落。在这种情况下，如果一方是刚蜕壳的软壳虾，其防御能力相当弱，则极有可能成为对方的腹中之物。

九、领地行为明显

小龙虾和河蟹一样具有强烈的领地行为，一旦同类进入它的领地，就会发生攻击行为。这种领地的表现形式就是掘洞，在洞穴内是不能容忍同类尤其是同一性别的小龙虾共处的，但生殖交配和抱卵时除外（允许异性龙虾进入）。领地的大小不固定，根据时间和生态环境不同而作适当调整。

十、趋水习性

小龙虾和河蟹一样，具有很强的趋水习性，喜欢新水、活水，在进排水口有活水进入时，它们会成群结队地溯水逃跑。在下雨时，由于受到新水的刺激，加上它们攀爬能力强，会集群顺着雨水流入的方向爬到岸边停留或逃逸。

十一、耐低氧习性

小龙虾利用空气中氧气的能力很强，有其他虾类不具备的本领。在水中溶氧减少时，便会侧卧在水面，头胸甲一面露出水面进行呼吸；当水体中氧气进一步减少时，它会用步足撑起身体，头胸甲全部露出水面。一般水体溶氧保持在 3 毫克/升以上，即可满足其生长所需。当水体中溶氧不足时，小龙虾常攀援到水体表层呼吸或借助于水体中的杂草、树枝、石块等物，将身体偏转使一侧鳃腔处于水体表面呼吸。在水体缺氧的环境下，它不但可以爬上岸来，甚至可以爬上陆地借助空气中的氧气呼吸。在阴暗、潮湿的环境条件下，小龙虾离开水体能存活 1 周以上。

十二、温度忍受力强

小龙虾对高水温或低水温都有较强的适应性，这与它的分布地域跨越热带、亚热带和温带是一致的。其温度适应范围为 0～37℃，在长江流域，冬天晚上将其带水置于室外，被冰冻住仍能存活，但该虾的最适温度范围为18～31℃。受精卵孵化和幼体发育水温在 24～28℃ 条件下为好。

十三、对农药反应敏感

小龙虾对重金属、某些农药（如敌百虫、菊酯类杀虫剂）非常敏感，因此养殖水体应符合国家颁布的渔业水质标准和无公害食品淡水水质标准。如用地下水养殖小龙虾，必须对地下水进行检测，以免重金属含量过高，影响小龙虾的生长发育。

十四、食性与摄食

华中农业大学魏青山 1985 年对武汉地区小龙虾食性
分析的结果是：植物性成分占 98%，其中主要是高等水
生植物及丝状藻类。因此，小龙虾是以植物性食物为主的
杂食性动物，小鱼、虾、浮游生物、底栖生物、有机碎屑
及各种谷物，饼类、蔬菜、陆生牧草、水体中的水生植
物、着生藻类等都可以作为它的食物，也喜食人工配合饲
料。小龙虾幼体第一次蜕壳后开始摄食浮游植物及小型枝
角类幼体、轮虫等（表 1-1）。

表 1-1　小龙虾对各种食物的摄食率

类别	名称	摄食率/%
植物	眼子菜	3.2
	竹叶菜	2.6
	水花生	1.1
	苏丹草	0.7
动物	水蚯蚓	14.8
	鱼肉	4.9
饲料	配合饲料	2.8
	豆饼	1.2

小龙虾具有较强的耐饥饿能力，一般能耐饿 3～5 天；
秋冬季节一般 20～30 天不进食也不会饿死。摄食的最适
温度为 25～30℃；水温低于 15℃以下活动减弱；水温低
于 10℃或超过 35℃摄食明显减少；水温在 8℃以下时，
进入越冬期，停止摄食。

小龙虾不仅摄食能力强，而且有贪食、争食的习性。
在养殖密度大或者投饵量不足的情况下，小龙虾之间会自
相残杀，尤其是正蜕壳或刚蜕壳的没有防御能力的软壳虾

和幼虾常常被成年小龙虾所捕食。

小龙虾不怕污臭水，但对农药、化肥、液化石油气等化学物品非常敏感，若塘内有这些化学物品，小龙虾会全军覆灭。养殖小龙虾时，可以在水域中先投入动物粪便等有机物，作用是培养浮游生物作为小龙虾的饵料。

十五、蜕壳

小龙虾与其他甲壳动物一样，体表覆有很坚硬的几丁质外骨骼，因而其必须通过蜕掉体表的甲壳才能完成突变性生长。在小龙虾的一生中，每蜕一次壳就能达到一次较大幅度的增长，所以，正常的蜕壳意味着生长。

小龙虾的蜕壳与水温、营养及个体发育阶段密切相关。幼体一般4～6天蜕壳一次，离开母体进入开放水体的幼虾每5～8天蜕壳一次，后期幼虾的蜕壳间隔一般8～20天。水温高，食物充足，发育阶段早，则蜕壳间隔时间短。从幼体到性成熟，小龙虾要进行11次以上的蜕壳。其中蚤状幼体阶段蜕壳2次，幼虾阶段蜕壳9次以上。

蜕壳时间大多在夜晚，人工养殖条件下，有时白天也可见其蜕壳。蜕壳时，先是体液浓度增加，紧接着虾体侧卧，腹肢间歇性地缓缓划动，随后虾体急剧屈伸，将头胸甲与第一腹节背面联结处的关节膜裂开，再经几次突然性的连续跳动，新体就从裂缝中跃出。这个阶段持续时间约几分钟至十几分钟不等，经过多次观察，发现身体健壮的小龙虾蜕壳时间多在8分钟左右，时间过长则小龙虾易死亡。蜕壳后水分从皮质进入体内，身体增重、增长；体内钙石的钙向皮质层转移，于12～24小时后皮质层变硬，变厚，成为新的甲壳。进入越冬期的小龙虾，一般蛰居在洞穴中，不再蜕壳，并停止生长。

经过对小龙虾蜕壳情况的调查，性成熟的亲虾一般一年蜕壳1～2次。据测量，全长8～11厘米的小龙虾每蜕一次壳，全长可增长1.2～1.5厘米。

十六、生长

小龙虾是通过蜕壳来实现体重和体长生长的，离开母体的幼虾在适宜的20～32℃温度条件下，很快进入第一次蜕壳阶段。每一次蜕壳后其生长速度明显加快，在水温适宜、饲料充足的情况下，一般60～90天内长到体长8～12厘米，体重15～20克，最大可达30克以上的商品规格。

在安徽省滁州地区进行调查测量时发现，9月中旬脱离母体的幼虾平均全长约1.05厘米，平均体重0.038克，在池塘中养殖到第2年的4月，平均全长达8.7厘米，平均重达24.7克。

十七、寿命与生活史

小龙虾雄虾的寿命一般为20个月，雌虾的寿命为24个月。

小龙虾的生活史并不复杂，雌雄亲虾交配后分别产生卵子和精子，并受精成为受精卵，然后进入洞穴中发育，受精卵和蚤状幼体都由雌虾单独保护完成，一定时间后，抱卵虾离开洞穴，排放幼虾，离开母体保护的幼虾经过数次的蜕壳后就长成可以上市了，还有部分成虾则继续发育为亲虾，完成下一个生殖轮回（图1-1）。

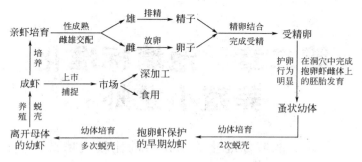

图 1-1　淡水小龙虾的生活史

十八、捕获季节

　　每年 6～8 月份，是小龙虾体形最为"丰满"的时候，这时候的小龙虾壳硬肉厚，也是人们捕捞和享用它的最佳时机。

第二章　池塘标准化养殖小龙虾

　　小龙虾的池塘标准化养殖是目前比较成功且效益较稳定的一种养殖模式，亩养殖效益可达1000元左右，具有销路宽、收益快等优点。

　　要想在实现小龙虾池塘标准化养殖中取得好的经济效益，着重要抓好以下几点：科学管水、科学投种、科学混养、科学防病、科学投喂和科学管理。工作示意图见图2-1。

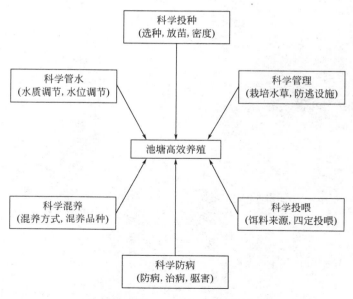

图 2-1　池塘高产高效养殖小龙虾途径

第一节　小龙虾标准化养殖池的条件

一、形状

养殖小龙虾的池塘形状主要取决于自然地形、阳光、风向和饲养管理等，要求并不严格，一般为长方形，也有圆形、正方形、多角形的池塘。

二、朝向

池塘的朝向应结合场地的地形、水文、风向等因素，尽量使池面充分接受阳光照射，满足水中天然饵料的生长需要。池塘朝向也要考虑是否有利于风力搅动水面，增加溶氧，一般以东西走向为宜。

三、面积

虾池的大小与小龙虾产量的高低有非常密切的关系。面积较大的池塘建设成本低，但不利于生产操作，进排水也不方便。面积较小的池塘建设成本高，便于操作，但水质容易恶化，不利于水质管理。标准化小龙虾养殖池塘面积以5～10亩为宜。

四、深度

由于小龙虾喜欢在浅水区活动，因此养虾池塘要求有深水区也要有浅水区，浅水区的水深在0.4米，深水区在1.0～1.2米。深水区的比例不要超过池塘面积的30%。

五、池埂

池埂是池塘的轮廓基础，池埂结构对于维持池塘的形状、方便生产以及提高养殖效果等有很大的影响。

池埂的宽度应根据生产情况和当地土质情况确定，一般无交通要求的池埂宽度不小于 4 米，有交通要求的池埂宽度不小于 6 米，池塘的坡比为 1：（1.5～3）。

第二节　小龙虾标准化养殖池的处理

一、池塘的改造

如果虾池达不到养殖要求，或者是养殖时间较久了，就应加以改造。改造池塘时采取的措施：死水改活水；低埂改高埂；狭埂改宽埂；漏水塘改为保水塘；瘦塘改肥塘。在池塘改造的同时，要做好进排水闸门的修复及相应进水滤网、排水防逃网的添置工作，另外养殖小区的道路修整、池塘内增氧机线路的架设及增氧机的维护、自动饵料饲喂器的安装和调试等工作也要一并做好。

1. 改漏水塘为保水塘

有些虾池常年漏水不止，这主要是土质不良或堤基过于单薄造成的。沙质过重的土壤不宜建塘堤。如建塘后发现有轻度漏水现象，应采取必要的塘底改土和加宽加固堤基措施，在条件许可的情况下，最好在塘周砌砖石或水泥护堤。

2. 改死水塘为活水塘

虾池水流不通，不仅影响产量，而且对生产有很大的危害，容易引起养殖的小龙虾和混养鱼类的浮头、浮塘和发病。因此，对这样的池塘，必须尽一切可能改善排灌条件，如开挖水渠、铺设水管等，做到能排能灌，才能获得高产。

3. 改瘦塘为肥塘

虾池在进行上述改造以后，就为提高生产力、夺取高产奠定了基础。有了相当大的水体，又能排灌自如，使水体充分交换，但如果没有足够的饲、肥供给，塘水不能保持适当的肥度，同样不能收到应有的经济效果。

因此，我们应通过多种途径解决饲、肥料来源，逐渐使塘水转肥。

4. 虾沟改建

对于面积8亩以下的小龙虾池，应改平底型为环沟型或井字沟型，池塘中间要多做几条塘中埂，同时也就多了几条虾沟。对于面积8亩以上的小龙虾池，应改平底型为交错沟型，并做到沟沟相通。

这些池塘改造工作应在年底清塘清淤时一起进行。

二、进排水系统的处理

对于大面积连片虾池，进排水总渠应分开，按照高灌低排的格局，建好进排水渠，做到灌得进，排得出，定期对进、排水总渠进行整修消毒。池塘的进排水口应用双层密网防逃，同时也能有效地防止蛙卵、野杂鱼卵及幼体进入池塘危害蜕壳虾；为了防止夏天雨季冲毁堤埂，可以开设一个溢水口，溢水口也用双层密网过滤，防止幼虾趁机顶水逃走。

三、防逃设施的修建

小龙虾逃逸能力比较强，防逃设施也不可少，尤其是虾种刚入池的第一个晚上和雨天，如果没有防逃设施，可在一天内逃走 80% 左右。2007 年我们做过试验，在一口一亩地的小池塘里放养 21 千克小龙虾，没有安装防逃设施，在小塘四周用 8 条又长又大的地笼捕捉，每一条地笼有 24 个小格门，第二天早晨倒出地笼里的小龙虾并称重，发现 8 笼共回捕 17.3 千克小龙虾，占所投放小龙虾的 82.3%。因此，在小龙虾放养前一定要做好防逃设施。

防逃设施有多种，常用的有两种：一是安插高 45 厘米的硬质钙塑板作为防逃板，埋入田埂泥土中约 15 厘米，每隔 100 厘米用一木桩固定，注意四角应做成弧形，防止小龙虾沿夹角攀爬外逃；第二种防逃设施是采用麻布网片或尼龙网片或有机纱窗和硬质塑料薄膜共同防逃，用高 50 厘米的有机纱窗围在池埂四周，用质量好的直径为 4～5 毫米的聚乙烯绳作为上纲，缝在网布的上缘，缝制时纲绳必须拉紧，针线从纲绳中穿过。然后选取长度为 1.5～1.8 米的木桩或毛竹，削掉毛刺，打入泥土中的一端削成锥形，或锯成斜口，沿池埂将桩打入土中 50～60 厘米，桩间距 3 米左右，并使桩与桩之间呈直线排列，池塘拐角处呈圆弧形。将网的上纲固定在木桩上，使网高保持不低于 40 厘米，然后在网上部距顶端 10 厘米处再缝上一条宽 25 厘米的硬质塑料薄膜即可，针距以小虾逃不出为准，针线拉紧（图 2-2）。

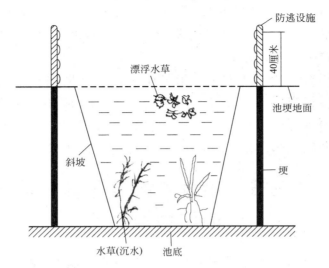

图 2-2　池塘养殖小龙虾示意图（池埂部分）

四、池塘的处理

　　由于小龙虾是底栖爬行动物，决定池塘养殖产量的最重要因子并不是池塘水体的容积，而是池塘的水平面积和池塘堤岸的曲折率。简单地说，就是在相同面积的池塘，水体中水平面积越大，堤岸的边长越多，可供小龙虾打洞或栖息的场所越多，则可放养虾的数量越多，产量也就越高。因此，有条件的地方可在放虾前对池塘做一简易的处理，可大大提高池塘的载虾量，获得更高的经济效益。

　　据相关资料表明，有一些地方是采取这样的措施来提高水体的水平面积的，在此特别加以介绍，以供虾农朋友借鉴：在靠近池塘四周 1～2 米处用网片或竹席平行搭设 2～3 层平台，第一层设在水面下 20 厘米处，长 200～300 厘米、宽 30～50 厘米；第二层是设在第一层的下方，两层之间的距离为 20～30 厘米，每层平台均有斜坡通向池底；平行的两个平台之间要留 100～200 厘米的间隙，供小龙虾到浅水区活动。

还有一种方法就是在池塘中多筑几条塘间埂，埂与埂间的位置交错开，埂宽 30 厘米，只要略微露出水面即可。池塘中也可设竹筒、瓦片、塑料筒等人工洞穴。在生产实践中发现，采用这种方法的养殖户产量都比较高。

第三节　小龙虾标准化养殖池的清整消毒

清塘的目的是消除养殖隐患，这是小龙虾标准化养殖的基础工作，对提高小龙虾种苗的成活率和促进其生长发育都起着关键性的作用。

一、生石灰清塘

生石灰的价格低廉，是目前能用于消毒清塘最有效的方法。它的缺点就是用量较大，使用时占用的劳动力较多，而且生石灰有严重的腐蚀性，操作不慎，会对人的皮肤等造成一定伤害，因此在使用时要小心操作。

1. 生石灰清塘的原理

生石灰遇水后会发生化学反应，释放出大量热能，产生具有强碱性的氢氧化钙，这种强碱能在短时间内使水体的酸碱度迅速提高到 11 以上，因此，用生石灰清塘能迅速杀死水体里的水生昆虫及虫卵、野杂鱼、青苔、病原体等，可以说是一种广谱性的清塘药物。另外，生石灰遇水作用后生成的强碱与底泥中的腐植酸发生中和作用，使池水呈中性偏弱碱性，既改良了水体的水质和池底的土质，同时也能补充大量的钙质，有利于小龙虾的蜕壳和生长发育。这也是在小龙虾的生长期中，需要经常用生石灰化水泼洒来调节水质的重要原因。

2. 生石灰清塘的优点

用生石灰清塘消毒，具有以下优点：

一是灭害作用。用生石灰清塘，通过生石灰与底泥的混合，能迅速杀死隐藏在底泥中的泥鳅、黄鳝、乌鳢等各种杂害鱼，水螅、水鳖虫等水生昆虫和虫卵，青苔、绿藻等一些水生植物，鱼类寄生虫、病原菌及其孢子，以及老鼠、水蛇、青蛙等敌害，减少疾病的发生和传染，改善小龙虾栖息的生态环境，是其他清塘药物无法取代的。

二是改良水质。用生石灰清塘时，能释放出强碱性的物质，因此清塘后水的碱性就会明显增强。这种碱性能通过絮凝作用使水中悬浮状的有机质快速沉淀，对于那些浑浊的池水能适当起到澄清的作用，这非常有利于浮游生物的繁殖。浮游生物又是小龙虾的天然饵料之一，因此有利于促进小龙虾的生长。

三是改良土质和肥水效果。生石灰清塘时，遇水作用产生氢氧化钙，氢氧化钙继续吸收水生动物呼吸作用释放出的二氧化碳生成碳酸钙沉入池底。这一方面可以有效地降低水体中二氧化碳的含量；另一方面碳酸钙能起到疏松土层的效果，改善底泥的通气条件；同时能加速细菌分解有机质的作用，并能快速释放出长期被淤泥吸附的氮、磷、钾等营养盐类，从而增加了水的肥度，可让池水变肥，间接起到了施肥的作用，促进小龙虾天然饵料的繁育，当然也就促进了小龙虾的生长发育。

3. 干法清塘

生石灰清塘可分干法清塘和带水清塘两种方法。通常都是使用干法清塘，在水源不方便或无法排干水的池塘才用带水清塘法。

在抱卵虾或虾苗放养前 20～30 天，排干池水，保留水深 5 厘米左右（并不把水完全排干），在池底四周和中间多选几个点，挖成一个个小坑，小坑的面积约 2 米² 即可。将生石灰倒入小坑内，用量为每亩池塘用生石灰 40 千克左右，加水后生石灰会立即溶化成石灰浆水，同时会释放出大量的烟气和发出"咕嘟咕嘟"的声音，这时要趁热向四周均匀泼洒，边缘和鱼池中心以及洞穴都要洒遍。为了提高消毒效果，第二天可用铁耙再将池底淤泥耙动一下，使石灰浆和淤泥充分混合，否则泥鳅、乌鳢和黄鳝钻入泥中杀不死。再经 3～5 天晒塘后，灌入新水，经试水确认无毒后，就可以投放小龙虾。

4. 带水清塘

对于那些排水不方便的池塘，或者是为了赶时间，可采用带水清塘的方法。这种消毒措施速度快，效果也好；缺点是石灰用量较多。

每亩水面水深 50 厘米时，用生石灰 150 千克放入大木盆、小木船、塑料桶等容器中化开成石灰浆，操作人员穿防水裤下水，将石灰浆全池均匀泼洒（包括池坡）。用带水法清塘虽然工作量大一点，但它的效果很好，可以把石灰水直接灌进池埂边的鼠洞、蛇洞、泥鳅洞和鳝洞里，能彻底地杀死病害。

5. 测试余毒

测试余毒的方法是在消毒后的池子里放一只小网箱，

在预计毒性已经消失的时间，向小网箱中放入 40 尾小龙虾小苗，如果在一天（即 24 小时）内，网箱里的小龙虾小苗没有死亡也没有任何其他的不适反应，那就说明生石灰的毒性已经全部消失，这时就可以大量放养小龙虾苗种了。如果 24 小时内仍然有测试的小龙虾小苗死亡，就说明毒性还没有完全消失，这时可以再次换水 1/3～1/2，过 1～2 天再试水，直到完全安全后才能放养虾种。

6. 需注意的问题

第一是生石灰的选择，最好是选择没有风化的新鲜石灰，已经潮解的石灰功效减弱。

第二是要科学掌握生石灰的用量，以上介绍的只是一个参考用量，具体的用量还要在实践中摸索，根据虾池中的 pH 值具体情况而定。石灰的毒性消失期与用量有关，如果石灰质量差或淤泥多，要适当增加石灰用量。

第三是在用生石灰消毒时，不要施肥。这是因为一方面肥料中所含的离子氮会因 pH 值升高转化为非离子氮，这种非离子氮是有毒性的，会对小龙虾产生毒害作用，另一方面肥料中的磷酸盐会和石灰释放出来的钙离子发生化学反应，变成难溶性的磷酸钙，从而明显降低肥效。

第四就是在用生石灰消毒时，也不要与含氯消毒剂或杀虫剂同时使用，这是因为在同时使用时，它们之间会产生拮抗作用，从而降低水体消毒的功效。

二、漂白粉清塘

1. 漂白粉清塘的原理

漂白粉是一种常用的粉剂消毒剂，当它遇水后也能产生化学反应，生成次氯酸和氯化钙。次氯酸具有较强的杀菌和杀死敌害生物的作用。

2. 漂白粉清塘的优点

漂白粉清塘时的优点与生石灰基本相同，但是它的药性消失比生石灰更快，而且用量更少，因此在生石灰缺乏或交通不便的地区或劳动力比较紧张的地区，建议采用此方法，尤其是对一些急于使用的池塘更为适宜。

3. 带水消毒

在用漂白粉带水清塘时，要求水深 0.5～1 米，漂白粉的用量为每亩池面用 10～15 千克。先用木桶或瓷盆内加水将漂白粉完全溶化后，全池均匀泼洒，也可将漂白粉顺风撒入水中，然后划动池水，使药物分布均匀。一般用漂白粉清池消毒后 3～5 天即可注入新水和施肥，再过2～3 天，就可投放小龙虾进行饲养。

4. 干法消毒

在漂白粉干塘消毒时，用量为每亩池面用 5～10 千克，使用时先用木桶加水将漂白粉完全溶化后，全池均匀泼洒即可。

5. 注意事项

首先是漂白粉一般含有效氯 30% 左右，而且它具有易挥发的特性，因此在使用前先对漂白粉的有效含量进行测定，在有效范围内（含有效氯 30%）方可使用。如果部分漂白粉失效了，这时可通过换算来计算出合适的用量。

其次是漂白粉极易挥发和分解，释放出的初生态氧容易与金属起作用。因此，漂白粉应密封在陶瓷容器或塑料袋内，存放在阴凉干燥的地方，防止失效。加水溶解稀释时，不能用铝、铁等金属容器，以免被氧化。

再次是操作人员施药时应戴上口罩，并站在上风处泼洒，以防中毒。同时，要防止衣服被漂白粉沾染而受腐蚀。

最后是漂白粉的消毒效果常受水中有机物影响，如鱼池水质肥、有机物质多，清塘效果就差一些。另外，使用漂白粉要根据池塘水量的多少决定用量，防止用量过大把塘内螺蛳杀死。

三、生石灰、漂白粉交替清塘

有时为了提高效果，降低成本，就采用生石灰、漂白粉交替清塘的方法，比单独使用漂白粉或生石灰清塘效果好。方法也包括带水消毒和干法消毒两种：

带水清塘，水深1米时，每亩用生石灰60～75千克加漂白粉5～7千克。

干法清塘，水深在10厘米左右，每亩用生石灰30～35千克加漂白粉2～3千克，化水后趁热全池泼洒。

使用方法与前面两种相同，7天后即可放小龙虾，效果比单用一种药物更好。

四、漂白精消毒

干法消毒时，可排干池水，每亩用有效氯60％～70％的漂白精2～2.5千克。

带水消毒时，每亩每米水深用有效氯60％～70％的漂白精6～7千克，使用时，先将漂白精放入木盆或搪瓷盆内，加水稀释后进行全池均匀泼洒。

五、茶粕清塘

茶粕是广东、广西常用的清塘药物。它是山茶科植物油茶、茶梅或广宁茶的果实榨油后所剩余的残渣，外观与菜饼相似，又叫茶籽饼。茶粕中含溶血性毒素皂苷，能溶化动物的红细胞而使其死亡。水深1米时，每亩用茶粕25千克。将茶粕捣碎成小块，放入容器中加热水浸泡一昼夜，然后加水稀释连渣带汁全池均匀泼洒。在消毒10天后，毒性基本上消失，可以投放小龙虾进行养殖。

须注意的是，在选择茶粕时，应尽可能地选择黑中带红、有刺激性、质地脆的优质茶粕，这种茶粕的药性大，消毒效果好。

六、生石灰和茶碱混合清塘

此法适合池塘进水后使用，把生石灰和茶碱放进水中溶解后，全池泼洒，每亩用量生石灰50千克、茶碱10～15千克。

七、鱼藤酮清塘

鱼藤酮又名鱼藤精，是从豆科植物鱼藤及毛鱼藤的根皮中提取的，能溶解于有机溶剂，对害虫有触杀和胃毒作用，对鱼类有剧毒。使用含量为7.5％的鱼藤酮原液，水深1米时，每亩使用700毫升，加水稀释后装入喷雾器中遍池喷洒。鱼藤酮能杀灭几乎所有的敌害鱼类和部分水生昆虫，对浮游生物、致病细菌和寄生虫没有什么作用。效果比前几种药物差一些。毒性7天左右消失，此时就可以投放小龙虾了。

八、巴豆清塘

巴豆是江浙一带常用的清塘药物，能杀死大部分敌害杂鱼，但是对致病菌、寄生虫、水生昆虫等没有杀灭作用，也没有改善土壤的作用。

在水深 10 厘米时，每亩用 5～7 千克。将巴豆捣碎磨细装入罐中，也可以浸水磨碎成糊状装进酒坛，加烧酒 100 克或用 3％食盐水密封浸泡 2～3 天，用池水将巴豆稀释后连渣带汁全池均匀泼洒。10～15 天后，再注水 1 米深，待药性彻底消失后放养小龙虾。

要注意的是，由于巴豆对人体的毒性很大，施巴豆的池塘附近的蔬菜等，需要过 5～6 天以后才能食用。

九、氨水清塘

氨水是一种挥发性的液体，一般含氮 12.5％～20％左右，是一种碱性物质。当它泼洒到池塘里，能迅速杀死水中的鱼类和大多数的水生昆虫。使用方法是在水深 10 厘米时，每亩用量 60 千克。在使用时要同时加 3 倍左右的塘泥，目的是减少氨水的挥发，防止药性消失过快。一般在使用 1 周后药性基本消失，这时就可以放养小龙虾了。

十、二氧化氯清塘

二氧化氯消毒是近年来才渐渐被养殖户所接受的一种消毒方式，它的消毒方法是先引入水源后再用二氧化氯消毒，用量为 10～20 千克/（亩·米），7～10 天后放苗。该方法能有效杀死浮游生物、野杂鱼虾类等，防止蓝绿藻大量滋生。放苗之前一定要试水，确定安全后才可放苗。值得注意的是，由于二氧化氯具有较强的氧化性，加上它易爆炸，容易发生危险事故，因此在贮存和消毒时一定要做好安全工作。

十一、药物清塘时的注意事项

在养殖小龙虾时，经过清整的虾池，能改善水体的生态环境，提高苗种的成活率，增加产量，提高经济效益。无论是采用哪种消毒剂和消毒方式，都要注意以下几点：

一是清塘消毒的时间要恰当，不要太早也不宜过迟，一般是掌握在小龙虾下塘前 10～15 天进行比较合适。如果过早清塘，待加水后小龙虾却没有下塘，这时池塘里又会产生杂鱼、虫害等；而过迟消毒，药物的毒性还没有完全消失，小龙虾苗种已经运抵池塘边，放苗很有可能对小龙虾苗种有毒害作用，从而影响生产。

二是在小龙虾苗种下塘前必须进行试水，试水方法上文已经讲述，只有在确认水体无毒后才能投放小龙虾苗种。

三是为了提高药物清塘的效果，建议选择在晴天的中午进行药物清塘，而在其他时间尽量不要清塘，尤其是阴雨天更不要清塘。

第四节　养殖前的准备工作

一、用药后的解毒和培植有益微生物种群

1. 解毒

在运用各种药物对水体进行消毒、杀死病原菌、除去杂鱼后，池塘里会有各种毒性物质存在，必须先对水体进行解毒后方可用于池塘养殖。

解毒的目的就是消除消毒药品的残毒以及重金属、亚硝酸盐、硫化氢、氨氮、甲烷和其他有害物质的毒性，可在消毒除杂的5天后泼洒卓越净水王或解毒超爽或其他有效的解毒药剂。

2. 培植有益微生物种群

培植有益微生物种群，不仅能抑制病原微生物的生长繁殖，消除隐患，还可将塘底有机物和生物尸体通过生物降解转化成藻类、水草所需的营养盐类，为肥水培藻、强壮水草奠定良好的基础。在解毒3～5小时后，就可以采用有益微生物制剂如水底双改、底改灵、底改王等药物按使用说明全池泼洒，目的是快速培植有益微生物种群，用来分解消毒杀死的各种生物尸体，避免二次污染，消除病原隐患。

如果不用有益微生物对消毒杀死的生物尸体进行彻底的分解或消解，那些具有抗体的病原微生物待消毒药效期过后就会复活，而且它们会在复活后利用残留的生物尸体作培养基大量繁殖。病原微生物复活的时间恰好是小龙虾蜕壳最频繁的时期，蜕壳时的小龙虾活力弱，免疫力低下，抗病能力差，病原微生物极易侵入虾体，容易引发病害。所以，必须在用药后及时解毒和培育有益微生物的种群。

二、种植水草

"虾多少，看水草"。水草是小龙虾隐蔽、栖息、蜕壳生长的理想场所，水草也能净化水质、减低水体的肥度，对提高水体透明度、促使水环境清新有重要作用。同时，在养殖过程中，有可能发生投喂饲料不足的情况，水草也可作为小龙虾的饲料。在实际养殖中，我们发现种植水草能有效提高小龙虾的成活率、养殖产量和产出优质商品虾。

　　小龙虾喜欢的水草种类有苦草、眼子菜、轮叶黑藻、金鱼藻、凤眼莲、水浮莲、水花生等。水草的种植方式可根据不同情况而定：一是沿池四周浅水处 10%～20% 面积种植水草，即可供小龙虾摄食，同时为虾提供了隐蔽、栖息的理想场所，也是小龙虾蜕壳的良好地方；二是在池塘中央可提前栽培伊乐藻或菹草；三是移植水花生或凤眼莲到水中央；四是临时放草把，方法是把水草扎成团，大小为 1 米² 左右，用绳子和石块固定在水底或浮在水面，每亩可放 25 处左右，也可用草框把水花生、空心菜、水浮莲等固定在水中央。但所有的水草总面积要控制好，一般在池塘种植水草的面积以不超过池塘总面积的 2/3 为宜，否则会因水草过度茂盛，使夜间池水缺氧而影响小龙虾的正常生长（图 2-3）。

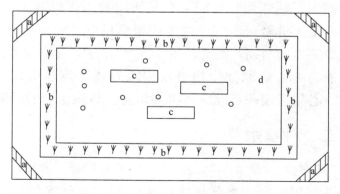

图 2-3　池塘改造及种草示意图

a—池塘四角，种浮草等漂浮植物；b—池塘四周的环沟，种伊乐藻等沉水植物；

c—池塘中心空旷地带的塘间小埂；d—池塘养殖区，可适当种植各种水草；

○—小圆圈处可种植苦草、菹草等

三、进水和施肥

放苗前 7～15 天，加注新水 50 厘米。向池中注入新水时，要用 40～80 目纱布过滤，防止野杂鱼及鱼卵随水流进入饲养池中。池中进水 50 厘米后，施用发酵好的有机粪肥，如施发酵过的鸡、猪粪及青草绿肥等有机肥，施用量为每亩 500 千克左右，另加尿素 0.5 千克，使池水 pH 值在 7.5～8.5 之间，透明度 30～40 厘米，培育轮虫和枝角类、桡足类等基础饵料生物。对于一些养殖老塘，由于塘底较肥，每亩可施过磷酸钙 2～2.5 千克，兑水全池泼洒。

四、投放螺蛳

1. 小龙虾池中放养螺蛳的作用

螺蛳是小龙虾很重要的动物性饵料。螺蛳的价格较低，来源广泛，全国各地的几乎所有的水域中都会自然生存大量的螺蛳。向小龙虾池中投放螺蛳一方面可以改善池塘底质、净化底质，另一方面可以补充动物性饵料，具有明显降低养殖成本、增加产量、改善小龙虾品质的作用，从而提高养殖户的经济效益。

螺蛳不但稚嫩鲜美，而且营养丰富，利用率较高，是小龙虾最喜食的理想优质鲜活动物性饵料之一。在饲养过程中，螺蛳既能为小龙虾提供适口的天然饵料，促进小龙虾快速生长，提高小龙虾产量和上市规格；同时，螺蛳壳与贝壳一样是矿物质饲料，能提供大量的钙质，对促进小龙虾的蜕壳能起到很大的作用。

在小龙虾养殖池中，适时适量投放活的螺蛳，利用螺蛳自身繁殖力强、繁殖周期短的优势，任其在池塘里自然繁殖。在小龙虾池塘里大量繁殖的螺蛳以浮游动物残体和细菌、腐屑等为食，因此能有效地降低池塘中浮游生物含量，可以起到净化水质、维护水质清新的作用。在螺蛳和水草比较多的池塘里，水质一般都比较清新、爽嫩，原因就在这里。

2. 螺蛳的选择

螺蛳可以在市场上直接购买，而且每年在养殖区里都会有专门贩卖螺蛳的商户，但是从市场上购买的螺蛳不新鲜，活动能力弱。对于条件许可、劳动力丰富的养殖户，建议自己到沟渠、鱼塘、河流里捕捞，既方便又节约资金。

购买螺蛳时要认真挑选，要注意选择优质的螺蛳，可以从以下几点来选择：

首先是要选择螺色青淡、壳薄肉多、个体大、外形圆、螺壳无破损、厣片完整者。

其次是要选择活力强的螺蛳，可以用手或其他东西来测试一下，如果受惊时螺体能快速收回壳中，同时厣片能有力地紧盖螺口，那么就是好的螺蛳；反之则不宜选购。

第三就是要选择健康的螺蛳。螺蛳是寄生虫、病菌或病毒的携带和传播者，因此，保健养螺是健康养虾的关键所在。螺体内最好没有蚂蟥（也就是水蛭）等寄生虫寄生。另外，购买螺蛳时要避开血吸虫病易感染地区，如江西省进贤县、安徽省无为县等地区。

第四就是选择的螺蛳壳要嫩而光洁，壳坚硬者不利于小龙虾摄食。

第五就是引进螺蛳不能在寒冷结冰天气，避免冻伤死亡，要选择气温相对高的晴好天气。

3. 螺蛳的放养

螺蛳群体中雌螺占绝大多数，约占 75%～80%，雄螺仅占 20%～25%。在生殖季节，受精卵在雌螺育儿囊中发育成仔螺产出。每年的 4～5 月份和 9～10 月份是螺蛳的两个生殖旺季。螺蛳是分批产卵型，产卵数量因环境和亲螺年龄而异，一般每胎 20～30 个，多者 40～60 个，一年可产 150 个以上。产后 2～3 个星期，仔螺重达 0.025 克时即开始摄食，经过一年饲养便可交配受精产卵，繁殖后代。根据生物学家的调查，螺蛳繁殖的后代经过 14～16 个月的生长又能繁殖仔螺。因此，许多养殖户为了获得更多的小螺蛳，通常是在清明前每亩放养鲜活螺蛳 200～300 千克，以后根据需要逐步添加。

第一次放养是在投放虾种后的 1 周后，投放螺蛳100～200 斤/亩（1 斤＝500 克），量不宜太大，如果量大水质不易肥，容易滋生青苔、泥皮等。投放螺蛳应以雌螺占多数为佳。一般雌螺大而圆，雄螺小而长；外形上主要从头部触角上加以区分，雌螺左右两触角大小相同且向前伸展，雄螺的右触角较左触角粗而短，末端向内弯曲，其弯曲部分即为生殖器。

第二次放养是在清明前后，也就是在 4～5 月份，投放 400～500 斤/亩，在循环沟里少放，尽量放在虾塘中间生有水草的地方。

第三次放养是在 6～7 月份，放养量为 200～300 斤/亩。有条件的养殖户最好放养仔螺蛳，这样更能净化水质，利于水草的生长。仔螺蛳不但稚嫩鲜美，而且营养丰富，利用率很高，是小龙虾最适口的饵料，适合小龙虾生长旺期的需要。

4. 保健养螺

首先是在投放螺蛳前 1 天，使用合适的生化药品来改善底质，活化淤泥，给螺蛳创造良好的底部环境，减少螺蛳在池塘中所携带的有害病菌。

其次是在投放时应先将螺蛳洗净，并用对螺蛳刺激性小的药物对螺体进行消毒，目的是杀灭螺蛳身上的细菌及寄生虫。

第三是在放养螺蛳的三天后使用健草养螺宝（1 桶用 8～10 亩）来肥育螺蛳，增加螺蛳肉质，为小龙虾提供优良的饵料。以后将健草养螺宝配合钙质如生石灰等，定期使用。

第四就是在高温季节，每 5～7 天可使用改水改底的药物，控制寄生虫、病毒和病菌在螺蛳体内的寄生和繁殖，从而大大减少携带和传播。

第五就是为了有利于水草的生长和保护螺蛳的繁殖，在虾种入池前最好用网片圈虾池面积的 30％作暂养区，地点在深水区，待水草覆盖率达 40％～50％、螺蛳繁殖已达一定数量时撤除。一般暂养至 4 月份，最迟不超过 5 月底。

第五节　虾种放养

一、放养模式

1. 秋季放养模式

以放养当年培育的大规格虾苗或虾种为主，放养时间为 8 月上旬至 9 月中旬。虾苗规格 1.2 厘米左右，每亩放养 3 万尾；虾种规格 3 厘米左右，每亩放养 1.5 万尾。翌年 4 月即可陆续起捕上市，商品虾的体重可达 25～30 克/只。

2. 夏季放养模式

以放养当年孵化的第一批稚虾为主，放养时间在 6 月中旬，稚虾规格为 0.8～1 厘米，每亩放养 2 万尾。要投足饵料，当年 7 月下旬至 8 月上旬即可上市，商品虾的体重可达 20 克/只。

3. 春季放养模式

以放养当年不符合上市规格的虾为主，每年的 4 月左右开始放养。规格为每千克 100～200 只，每亩放养 1 万尾。经过快速养殖，到 5 月中下旬即可起捕上市，商品虾的体重可达 30 克/只。

二、放养时间

石灰水消毒后，待 7～10 天水质正常后即可放苗。

三、虾种质量要求

一是体表光洁亮丽、肢体完整健全、无伤无病、体质健壮、生命力强。

二是规格整齐，稚虾规格在 1 厘米以上，虾种规格在 3 厘米左右。同一池塘放养的虾苗虾种规格要一致，一次放足。

三是虾苗虾种都是人工培育的。如果是野生虾种，应经过一段时间驯养后再放养，以免相互争斗残杀。

四、放养密度

具体的放养虾种密度取决于池子的环境条件、饵料来源、虾种来源和规格、水源条件、饲养管理技术等。总之，要根据当地实际，因地制宜，灵活机动地投放虾种。根据经验，如果是自己培育的幼虾，则要求放养规格在2～3 厘米，每亩放养 14000～15000 尾。

1. 放养量的简易计算

虾池内幼虾的放养量可用下式进行计算：

幼虾放养量(尾)＝

$$\frac{虾池面积(亩)\times计划亩产量(千克/亩)\times预计出池规格(尾/千克)}{预计成活率(\%)}$$

式中，计划亩产量，是根据往年已达到的亩产量，结合当年养殖条件和采取的措施，预计可达到的亩产量，一般为 200～250 千克；预计成活率，一般可取 40%；预计出池规格，根据市场要求，一般为 30～40 尾/千克。

放养时可依据计算出来的数据取整数。

2. 放养注意事项

（1）冬季放养择晴天上午进行，夏季和秋季放养择晴天早晨或阴雨天进行，避免阳光曝晒。

（2）虾种放养前用 3%～5% 食盐水浴洗 10 分钟，杀灭寄生虫和致病菌。

（3）从外地购进的虾种，因离水时间较长，放养前应略作处理。将虾种在池水内浸泡 1 分钟，提起搁置 2～3 分钟，再浸泡 1 分钟，如此反复 2～3 次，让虾种体表和鳃腔吸足水分后再放养，以提高成活率。

（4）饲养小龙虾的池塘，可适当混养一些鲢、鳙鱼等中上层滤食性鱼类，以改善水质，充分利用饵料资源，而且可作为检测塘内是否缺氧的指示鱼类。

第六节　合 理 投 饵

小龙虾食性杂，且比较贪食，除"种草、投螺"外，还需要投喂饵料。

一、饵料种类

一是植物性饵料，有青糠、麦麸、黄豆、豆饼、小麦、玉米及嫩的青绿饲料、南瓜、山芋、瓜皮等，需煮熟后投喂。

二是动物性饵料，有小杂鱼、轧碎螺蛳、河蚌肉等。

三是配合饲料。在饲料中添加蜕壳素、多种维生素、免疫多糖等，满足小龙虾的蜕壳需要。

二、投喂量

虾苗刚下塘时，日投饵量为每亩 0.5 千克。随着其生长，要不断增加投喂量，具体的投喂量除了与天气、水温、水质等有关外，还要自己在生产实践中把握，这里介绍一种叫试差法的投喂方法。由于小龙虾捕收时是捕大留小的，虾农不可能准确掌握小龙虾的存塘量，因此通过按生长量来计算投喂量是不准确的。在生产上建议虾农采用试差法来掌握投喂量。在喂食前先查一下前一天所喂的饵料情况，如果没有剩下，说明基本上够吃了；如果剩下不少，说明投喂得过多了，一定要将投喂量减下来；如果看到饵料没有，且饵料投喂点旁边有小龙虾爬动的痕迹，说明上次投饵少了一点，需要增加。如此经 3 天观察试验，就可以确定投喂量了。在没捕捞的情况下，隔 3 天增加 10％的投喂量；如果捕大留小了，则要适当减少 10％～20％的投喂量。

三、投喂方法

一般每天两次，分上午、傍晚投放。投喂以傍晚为主，投喂量要占到全天投喂量的 60％～70％。饲料投喂要采取"四定""四看"的方法。

由于小龙虾喜欢在浅水处觅食，因此在投喂时，应在岸边和浅水处多点均匀投喂，也可在池四周增设饵料台，以便观察虾吃食情况。

四、"四看"投饵

1. 看季节

5 月中旬前，动、植物性饵料比为 60∶40；5 月中旬至 8 月中旬，为 45∶55；8 月下旬至 10 月中旬，为 65∶35。

2. 看当时的实际情况

连续阴雨天气或水质过浓，可以少投喂，天气晴好时适当多投喂；大批虾蜕壳时少投喂，蜕壳后多投喂；虾发病季节少投喂，生长正常时多投喂。既要让虾吃饱吃好，又要减少浪费，提高饲料利用率。

3. 看虾塘的水色

透明度大于 50 厘米时可多投，少于 20 厘米时应少投，并及时换水。

4. 看小龙虾的摄食活动

发现过夜剩余饵料应减少投饵量。

五、"四定"投饵

1. 定时

每天两次，最好定到准确时间，调整时间宜半月甚至更长时间才能进行。

2. 定位

沿池边浅水区定点"一"字形摊放，每间隔 20 厘米设一投饵点。

3. 定质

青、粗、精结合，确保新鲜适口。建议投喂配合饵料、全价颗粒饵料，严禁投喂腐败变质饵料，其中动物性饵料占 40％，粗料占 25％，青料占 35％。动物下脚料最好是煮熟后投喂，在池中水草不足的情况下，一定要增加陆生草类的投喂，夏季要捞掉吃不完的草，以免草腐烂影响水质。

4. 定量

日投喂量按前文的试差法来确定。

第七节　底质和水质的改良与护理

一、底质对小龙虾的影响

小龙虾是典型的底栖生活动物，它们的生活生长都离不开底质，因此底质的优良与否会直接影响小龙虾的活动能力，从而影响它们的生长、发育，甚至影响它们的生命，进而会影响养殖产量与养殖效益。

长期养殖小龙虾的池塘底质里，往往是各种有机物的集聚之所。这些底质中的有机质在水温升高后会慢慢分解，在分解过程中，一方面会消耗水体中大量的溶解氧来满足分解作用的进行；另一方面，在有机质分解后，往往会产生各种有毒物质，如硫化氢、亚硝酸盐等。结果就会导致小龙虾因为不适应这种环境的改变而频繁地上岸或爬上草头，轻者会影响它们的生长蜕壳，造成上市小龙虾的规格普遍偏小，价格偏低，养殖效益降低，严重的则会导致池塘缺氧，甚至小龙虾中毒死亡。

底质在小龙虾养殖中还有一个重要的影响，就是会改变它们的体色，从而影响出售时的卖相。小龙虾的体色是与它们的生活环境相适应的，而且也会随着生活环境的改变而改变，例如在黄色壤土且淤泥较少的底质中生长的小龙虾，养成后有壳色发亮、肉多壳薄、肉质品味好的优势；而在淤泥较多的黑色底质中养出的小龙虾，常常一眼就能看出是"黑底虾""铁壳虾"等，它们的具体特征就是甲壳灰黑，肉松味淡，泥腥味重，商品价值非常低。

二、科学改底的方法

要根据不同的底质进行改水。

1. 对瘦底池塘的改底

底瘦的池塘通常是新塘或清淤翻晒过的养殖池塘，池塘底部有机质少，微生态环境脆弱，不利于微生物的生长繁殖。

（1）底瘦、水瘦的池塘　藻类数量少，饵料生物缺乏，溶氧量往往比较低，水体易出现浑浊或清水。针对这种情况，如果大量浮游动物出现，局部杀死浮游动物。可施 EM 菌，补充底部和水体的营养物质，调节底部菌群平衡，建立有利于水质的微生物群落。浑浊的水体，应先用净水产品来处理，并在肥水的同时连续使用增氧产品2～3天，保证肥水过程中水体溶氧充足。

（2）底瘦、水肥的池塘 活饵料丰富，藻类数量多，水体的溶氧丰富。底部供应的营养不足，这样的水质难以维持，容易出现倒藻。可施用有机肥来补充底肥，并加EM菌补充底部营养和有益菌群的数量，以促使底层为良性。

2. 对肥底池塘的改底

（1）底肥、水肥的池塘 水体中黏稠物质多，自净能力差，底层溶氧不足，底泥发臭。先使用净水产品净化水质或开增氧机，提高底泥的氧化还原电位，促进有益菌的繁殖，水肥的池塘要防止盲目用药，改用降解型底质改良剂代替吸附型底质改良剂，可施用EM菌类的底改产品定向培养有益藻类防止水体老化。

（2）底肥、水瘦的池塘 水体营养不足，藻类生长受限制，水体溶氧量低，底层易出现"氧债"，敌害微生物易繁殖。这种情况，需要底层冲气，提高底泥的氧化还原电位，可施EM菌来促进有益菌的生长繁殖，同时施用净水产品调节水质，降解水体中的毒素，提供丰富的营养，培养有益藻类。防止盲目使用杀虫剂、消毒剂。

三、池塘水质的养护

1. 养殖前期的水质养护

在用有机肥和化学肥料或者是生化肥料培养好水质后，在放养虾种的第5天，可用相应的生化产品为池塘提供营养来促进优质藻相的持续稳定。这是因为在藻类生长繁殖的初期对营养的需求量较大，对营养的质量要求也较高，当然这些藻类快速繁殖，在水里是优势种群，它们的繁殖和生长会消耗水体中大量的营养物质。此时如果不及时补施高品质的肥料养分，很容易使营养被消耗掉，而使水呈澄清样，藻相因营养供给不足或者营养不良而出现"倒藻"现象。另一方面虾池里的水过度澄清会导致天然饵料缺乏，水中溶氧偏低，虾种很快就会出现游塘伏边等应激反应，从而出现"偷死"现象，也会影响小龙虾的第一次蜕壳。

保持藻相的方法很多，只要用对药物和措施得当就可以了，这里介绍一种方案，仅供参考：在放养虾种的第4天用黑金神浸泡一夜，到第5天上午配合使用藻幸福或者六抗培藻膏追肥，用量为1包卓越黑金神加1桶藻幸福或者1桶六抗培藻膏，可以泼洒7～8亩。

2. 中后期的水质养护

水质的好坏、优良水质稳定时间的长短，取决于水草、菌（指益生菌）、藻是否平衡。如果水体中缺菌，就会导致水质不稳定；如果水体中缺藻，就会导致水体易浑浊，主要是水中悬浮颗粒多；如果水体中缺水草，小龙虾就少了"保护伞"，所以养一塘好水，就必须适时地定向护草、培菌、培藻。

根据水质肥瘦情况，应酌情将肥料与活菌配合使用。如水质偏瘦，可采取以肥料为主、以活菌为辅的方式进行追肥。追肥时既可以采用生物有机肥或有机无机复混肥，但是更有效的则是采用培藻养草专用肥，这种肥料可全溶化于水，既不消耗水中溶氧，又容易被藻类吸收，是理想的追肥。

如水质过肥，就要采取净水培菌措施，使用药物和方法请参考各生产厂家的药品。这里介绍一例：可先用六控底健康全池泼洒一次，第二天再用灵活 100 加藻健康泼洒，晚上泼洒纳米氧，第三天虾池的水色就可变得清爽嫩活。

另外，在高温季节有条件的都要经常适当换水。换水时间掌握在下午 1～3 时或下半夜比较适宜，一来可以使池水保持恒定的温度，二来可以增加水中溶氧。气压低时最好开动增氧机增氧，有条件的地方应提供微流水养殖。

平时可根据水质具体情况，适时投放定量的光合细菌浓缩菌液，每月一次，以调节水质，利用晴天中午开动增氧机 1～2 小时，增加池中溶氧，消除水体中的氨氮等有害物。定期使用生石灰，中后期间隔 15～20 天，每亩用量 5～7.5 千克/米（水深），保持池水 pH 值 7.5～8.5 之间。

第八节　池塘标准化养殖小龙虾 的管理措施

一、对蜕壳虾的保护

1. 对小龙虾蜕壳保护的重要性

小龙虾只有蜕壳才能长大，也只有在适宜的蜕壳环境中才能正常顺利蜕壳。它们要求浅水、弱光、安静、水质清新的环境和营养全面的优质适口饵料。如果不能满足上述生态要求，小龙虾就不易蜕壳或造成蜕壳不遂而死亡。

小龙虾蜕壳后，机体组织需要吸水膨胀，此时其身体柔软无力，俗称软壳虾，需要在原地休息 40 分钟左右才能爬动，钻入隐蔽处或洞穴中，故此时极易受同类或其他敌害生物的侵袭。因此，每一次蜕壳，对小龙虾来说都是一次生死难关。特别是每一次蜕壳后的 40 分钟，小龙虾完全丧失抵御敌害和回避不良环境的能力。在人工养殖时，促进小龙虾同步蜕壳和保护软壳虾是提高小龙虾成活率的技术关键之一。

2. 小龙虾的蜕壳保护

一是为小龙虾蜕壳提供良好的环境，给予其适宜的水温、隐蔽场所和充足的溶氧，建池时留出一定面积的浅水区，供小龙虾蜕壳。

二是放养密度合理，以免因密度过大而造成相互残杀。

三是放养规格尽量一致。

四是每次蜕壳之前，要投喂含有钙质和蜕壳素的配合饲料，力求使小龙虾同步蜕壳。

五是蜕壳期间，需保持水位稳定，一般不需换水，可以临时提供一些水花生、水浮莲等作为蜕壳场所，并保持安静。

二、建立巡池检查制度

勤做巡池工作，发现异常及时采取对策，早晨主要检查有无残饵，以便调整当天的投饵量，中午测定水温、pH 值、氨氮、亚硝酸氮等有害物，观察池水变化，傍晚或夜间主要是观察了解小龙虾活动及吃食情况。经常检查、维修加固防逃设施，台风暴雨时应特别注意做好防逃工作。

三、加强对水草的管理

根据水草的长势，及时在浮植区内泼洒速效肥料。肥液浓度不宜过大，以免造成肥害。如果水花生高达 25～30 厘米时，就要及时收割，收割时须留茬 5 厘米左右。对于其他的水生植物，亦要保持合适的面积与密度。

四、防治敌害和病害

对病害防治，在整个养殖过程中，始终坚持预防为主、治疗为辅的原则。预防方法主要有：干塘清淤和消毒；种植水草和繁殖螺蚬；苗种检疫和消毒；调控水质和改善底质。

敌害主要有老鼠、青蛙、蟾蜍、水蜈蚣、蛇及水鸟等，平时及时做好灭鼠工作，春夏季需经常清除池内蛙卵、蝌蚪等。在全椒县的赤镇调查发现，水鸟和麻雀都喜欢啄食刚蜕壳后的软壳虾，因此一定要注意及时驱除。

小龙虾的寄生虫主要是纤毛虫。因此要抓好定期预防消毒工作，在放苗前，对池塘要进行严格的消毒处理，放养虾种时用 5% 食盐水浴洗 5 分钟，严防将病原体带入池内，采用生态防治方法，严格落实"以防为主、防重于治"的原则。每隔 15 天用生石灰 10～15 千克/亩溶水全池泼洒，不但可起到防病治病的目的，还有利于小龙虾的蜕壳。在夏季高温季节，每隔 15 天，在饵料中添加多维素、钙片等药物，以增强小龙虾的免疫力。

五、其他管理

其他管理措施包括汛期加强检查，严防逃虾，防偷，防池水被外来物质污染和缺氧，防漏水，以及记载饲养管理日志等工作，亦须认真做好。

第九节　池塘微孔增氧标准化养殖

溶解氧是鱼、虾、蟹等水生动物生存的必要条件，溶解氧的多少直接影响着养殖的水生动物的生存、生长和产量。采用有效的增氧措施，是提高池塘养殖单位产量和效益的重要手段。

一、池塘微孔增氧的概念

池塘微孔增氧技术就是池塘管道微孔增氧技术，也称纳米管增氧，是近几年来涌现出来的一项水产养殖新技术，是国家重点推荐的一项新型渔业高效增氧技术，有利于推进生态、健康、优质、安全养殖。

微孔管增氧装置是利用三叶罗茨鼓风机通过微孔管使新鲜空气从水深 1.5～2 米的池塘底部均匀地在整个微孔管上以微气泡形式溢出，微气泡与水充分接触产生气液交换，氧气溶入水中，能大幅度提高水体溶解氧含量，达到高效增氧、提高产量的目的，现已广泛应用于水产养殖上。

池塘中溶氧的状况是影响小龙虾摄食量及饲料食入后消化吸收率、生长速度、饵料系数高低的重要因素，所以，增氧显得尤为重要。使用增氧机可以有效补充水塘中的溶解氧。一般用水车式增氧机的池塘，上层水体很少缺氧，但却难以为池底提供充足氧气，所以缺氧都是在池塘底部。池塘微孔增氧技术正是利用了池塘底部铺设的管道，把含氧空气直接输送到池塘底部，从池底往上向水体散气补充氧气，使底部水体保持较高的溶解氧，防止底层缺氧引起的水体亚缺氧，同时它也会造成水流的旋转和上下对流，将底部有害气体带出水面，加快对池底氨、氮、亚硝酸盐、硫化氢的氧化，抑制底部有害微生物的生长，改善池塘的水质条件，减少病害的发生。在主机功率相同的情况下，微孔增氧机的增氧能力是叶轮式增氧机的 3 倍，为当前主要推广的增氧设施。

二、池塘微孔增氧的类型及设备

1. 点状增氧系统

点状增氧系统又称短条式增氧系统，就像气泡石一样进行工作，在增氧时呈点状分布，具有用微孔管少、成本低、安装方便的优点。它的主要结构由三部分组成，即主管、支管、微孔曝气管。支管长度一般在 50 米以内，在支管道上每隔 2～3 米有固定的接头连接微孔曝气管，而微管也是较短的，一般在 15～50 厘米。

2. 条形增氧系统

在增氧时呈长条形分布，比点状增氧效率更高，当然成本也更高，需要的微管更多。曝气管总长度在 60 米左右，管间距 10 米左右，每根微管约 30～50 厘米。同时微孔曝气管距池底 10～15 厘米，不能紧贴着底泥，每亩配备鼓风机功率 0.1 千瓦。

3. 盘形增氧系统

这是目前使用效率最高的一种微孔增氧系统，也是制作最复杂的系统。在增氧时，氧气呈盘子状释放，具有立体增氧的效果。使用时用4～6毫米直径钢筋弯成盘框，曝气管固定在盘框上，盘框总长度15～20米，每亩装3～4只曝气盘。盘框需固定在池底，离池底10～15厘米。每亩配备鼓风机功率0.1～0.15千瓦。

无论是哪种微管增氧系统，都需要主机，主机是池塘的氧气来源，因此要选择好。一般选择罗茨鼓风机，因为它具有寿命长、送风压力高、送风稳定性和运行可靠性强的特点。功率大小依水面面积而定，15～20亩（2～3个塘）可选3千瓦一台，30～40亩（5～6个塘）可选5.5千瓦一台。总供气管架设在池塘中间上部，高于池水最高水位10～15厘米，并贯穿整个池塘，呈南北向。总管后面一般接上支管，然后再接微管。

三、微孔增氧的合理配置

在池塘中利用微孔增氧技术养殖小龙虾时，微孔系统的配置是有讲究的。根据专家计算，1.5米以上深的每亩精养塘约需40～70米长的微孔管（内外直径分别为10毫米和14毫米）。在水体溶氧低于4毫克/升时，开机曝气2小时能提高到5毫克/升以上。

四、微管的布设技巧

利用微孔增氧技术，强调的是微管的作用，因此微管的布设也是很有讲究的。例如一口池塘水深正常蓄水在1米，要求微管布在离池底10厘米处，也可以说要布设在水平线下90厘米处。这样可用两根长1.2米以上的竹竿，把微孔管分别固定在竹竿的由下向上的 30 厘米处，再向上在 90 厘米处打一个记号，然后两人各抓一根竹竿，各向池塘两边把微孔管拉紧后将竹竿插入塘底，直至打记号处到水平为止。在布设管道时，一定要将微管底部固定好，不能出现管子脱离固定桩、浮在水面的情况，否则会大大降低使用效率。要注意的是，充气管在池塘中安装高度尽可能保持一致，底部有沟的池塘，滩面和沟的管道铺设宜分路安装，并有阀门单独控制。如果塘底深浅不在一个水平线上，则以浅的一边为准布管。

在微管设置时要注意不要和水草紧紧地靠在一起，最好是距离水草 10 厘米左右，以免过大的气流将水草根部冲起，从而对水草的成活造成影响。

五、安装成本

微孔管道增氧系统的安装成本，大概可分为四挡，各养殖户要根据自己的经济状况和养殖面积来合理选择：一是用全新的罗茨鼓风机与纳米管搭配，安装成本 1300～1500 元/亩；二是用旧罗茨鼓风机与纳米管（包括塑料管）搭配，安装成本 800～1000 元/亩；三是用旧罗茨鼓风机与饮用水级 PVC 搭配，安装成本 500～600 元/亩；四是旧罗茨鼓风机与电工用 PVC 管搭配，安装成本300～500 元/亩。

六、使用方法

在小龙虾池塘里布设微管的目的是增加水体的溶氧，因此增氧系统的使用方法就显得非常重要。

一般情况下，根据水体溶氧变化的规律，确定开机增氧的时间和时段。4～5 月，在阴雨天半夜开机增氧；6～10 月的高温季节每天开启时间应保持在 6 小时左右，每天下午 16 时开始开机 2～3 小时，日出前后开机 2～3 小时，连续阴雨或低压天气，可视情况适当延长增氧时间，可在夜间 21～22 时开机，持续到第 2 天中午；养殖后期，勤开机，促进小龙虾的生长。

另外，在晴天中午开 1～2 小时，搅动水体，增加底层溶氧，防止有害物质的积累；在使用杀虫消毒药或生物制剂后开机，使药液充分混合于养殖水体中，而且不会因用药引起缺氧现象；在投喂饲料的 2 小时内停止开机，保证小龙虾吃食正常。

七、加强管理

在使用微孔增氧养殖小龙虾时，单有增氧是不能将小龙虾养大的，还需要种植水草、投喂饲料、科学防逃、控制水质和预防疾病等管理措施相配合，因此在使用微管增氧时，管理工作一定要加强到位，才能起到事半功倍的效果。具体的管理措施同池塘养殖小龙虾是一样的，请参阅前文。

第三章 小龙虾的池塘生态混养

第一节 池塘生态混养的基础

一、池塘生态混养的原理

池塘混养是我国池塘养殖的特色，也是提高池塘水生经济动物产量的重要措施之一。混养可以合理利用饲料和水体，发挥养殖鱼、虾之间的互利作用，降低养殖成本，提高养殖产量。

小龙虾可在家鱼亲鱼池、成鱼池中与其他鱼类混养，利用池塘野杂鱼虾、残饵为食，一般不需专门投饵。

二、生态混养小龙虾的原则

我国目前养殖的鱼类，从其生活空间看，可分为上层鱼类、中下层鱼类和底层鱼类3类。上层鱼类如鲢鱼、鳙鱼，中下层鱼类如草鱼、鳊鱼、鲂鱼等，底层鱼类如青鱼、鲤鱼、鲫鱼、鲮鱼、非洲鲫鱼等。从食性上看，鲢鱼、鳙鱼吃浮游生物和有机碎屑，草鱼、鳊鱼、鲂鱼主要吃草，青鱼主吃螺、蚬等软体动物，鲤鱼、鲫鱼（鲤鱼也吃软体动物）掘食底泥中的水蚯蚓、摇蚊幼虫以及有机碎屑，鲮鱼、非洲鲫鱼吃有机碎屑及着生藻类。池塘单独养殖上述鱼类，水体中的空间和饵料生物（如小鱼、小虾等）没有完全利用，完全可以套养小龙虾这种底栖性、杂食的水生经济动物。

三、生态混养池塘环境要求

池塘大小、位置、面积等条件应随主养鱼类而定，池底硬土质，无淤泥，池壁必须有坡度，且坡度要大于 3∶1。

混养小龙虾的池塘必须以无污染的江、河、湖、库等大水体地表水作水源，也可用地下水。地下水有如下优点：有固定的独立水源；没有病原体和野杂鱼，没有污染；全年温度相对稳定，pH 值在 6.5～8.5 之间，溶氧在 5 毫克/升以上。池塘中必要时要配备增氧机或其他增氧设备，浮游动物、底栖动物、小鱼、小虾丰富。

池塘要有良好的排灌系统，一端上部进水，另一端池底部排水，进排水口都要有防敌害、防逃网罩。

池塘底部应有约 1/5 底面积的沉水植物区，并有足够的人工隐蔽物，如废轮胎、网片、PVC 管、废瓦缸、竹排等。

四、防逃设施

防逃设施有多种，常用的有两种，详见第二章。

五、小龙虾生态混养类型

主养滤食性、草食性鱼类的池塘，因小龙虾与主养鱼类的食性、生活习性等几乎没有矛盾，不需要因为混养小龙虾而减少放养量。

1. 以小龙虾为主，混养其他鱼类的混养方式

小龙虾在自然条件下以小鱼、小虾、水生昆虫、植物

碎屑为食。因此，养殖小龙虾的池塘，水体的上层空间和水体中的浮游生物尤其是浮游植物没有得到充分利用，可以套养一些食浮游生物的鱼类，如鲢鱼、鳙鱼，来控制水体浮游生物的过度繁殖，调节池塘的水质。

在我国南方，由于适温期长，多采取以下方式：一般每亩放养规格为 2～3 厘米的虾种 5000 尾，再混养花白鲢鱼种 150～200 尾（20 尾/千克），采用密养、轮捕、捕大留小的方法饲养。

也可以将小龙虾亲虾直接放养入养殖池让其自然繁殖获取虾种，每亩投放抱孵亲虾 20～25 千克，每千克为 30～40 尾。其他鱼种为鲢鱼 250 尾（规格为 250 克），鳙鱼 30～40 尾（规格为 250 克），草鱼 50 尾（规格 500 克）。在混养的鱼类中，尽量不要投放鲤鱼、鲫鱼和罗非鱼（非洲鲫鱼）。否则在投喂饲料的情况下，投喂的饲料被鲤鱼、鲫鱼和罗非鱼先行吃掉，这样会影响小龙虾的摄食和生长，降低产量。注意鱼种放养时，要用 3％～5％ 食盐水浸泡 5～10 分钟；并且注意先放小龙虾苗种，10～15 天后再放其他鱼种，以利于小龙虾的生长。

2. 以其他鱼类为主，混养小龙虾的养殖方式

在常规成鱼池搭配小龙虾时，小龙虾可以一次放养，也可以多次轮捕轮放，捕大留小，这种混养方式的小龙虾产量也不低。根据不同主养鱼的生活习性和摄食特点，又分为以下几种：

（1）主养滤食性鱼类　在主养滤食性鱼类的池塘中混养小龙虾时，在不降低主养鱼放养量的情况下，放养一定数量的小龙虾。放养密度随各地养殖方法不同而异，一般每亩产 750 千克的高产鱼池中，每亩混养小龙虾 3 厘米的

虾种 2000 尾或抱卵虾 5 千克。在鱼、鸭混养的塘中绝对不能混养小龙虾。

（2）主养草食性鱼类　草食性鱼类所排出的粪便具有肥水的作用，肥水中的浮游生物正好又是鲢鱼、鳙鱼的饵料，俗话说"一草养三鲢"。主养草食性鱼类的池塘一般会搭配有鲢鱼、鳙鱼，搭配有鲢鱼、鳙鱼的池塘再混养小龙虾时，方法同（1）。

（3）主养杂食性鱼类　杂食性鱼类一般会和小龙虾在食性和生态位上相矛盾，因此，主养杂食性鱼类的池塘是不可以套养小龙虾的。

（4）主养肉食性鱼类　主养凶猛肉食性鱼类的池塘，其水质状况良好，溶氧丰富，在饲养的中后期，由于主养的鱼类鱼体已经较大，很少再去利用池塘中的天然饲料；而且投喂主养鱼的剩余饲料可以很好地被小龙虾摄食利用。根据我们多年的试验，肉食性鱼类在投喂充足的情况下，几乎不会主动摄食小龙虾，具体原因有待研究。因此，主养凶猛肉食性鱼类的成鱼池塘中混养小龙虾时，放养量可以适当增加，每亩可放养规格为 3 厘米左右的小龙虾 3000 尾或抱卵虾 8～10 千克。小龙虾下池的时间一般应在主养鱼类下池 1～2 周之后。此时，主养鱼对人工配合颗粒饲料有了一定的依赖性，不主动摄食小龙虾。

第二节　亲鱼塘生态混养小龙虾

一、生态混养原理

这种模式主要适合于四大家鱼人工繁殖为主而且规模

较大的养殖场。亲鱼塘一般具有面积大、池水深、水质较好和放养密度相对较低等特点，在充分利用有效水体和不影响亲鱼生长的情况下，适当混养小龙虾，既可消灭池中小杂鱼，又可增加经济收入。

二、池塘条件

选择水源充足、水质良好、水深为 1.5 米以上的池塘，要求池塘有浅滩，有深水区，浅水区里如果有一些水草或挺水植物就更理想。

三、放养时间

小龙虾的放养时间一般在四大家鱼人工繁殖后，约 5 月中旬进行。

四、放养模式及数量

每亩放养虾种 3000 尾，亩产商品小龙虾 30 千克左右，如以鲢鱼或鳙鱼为主养鱼的亲鱼池，每亩放养数量还可增加。若是以后备亲鱼为主的池塘，可在 6 月底至 7 月初每亩投放草鱼夏花鱼种 1000 尾。

五、饲料投喂

根据放养量和池塘本身的资源条件来看，一般不需投饵，混养的小龙虾以池塘中的野杂鱼和其他主养鱼吃剩的饲料为食。如发现鱼塘中确实饵料不足，可适当投喂。

六、日常管理

（1）每天坚持早晚各巡塘一次，早上观察有无鱼浮头现象，如浮头过久，应适时加注新水或开动增氧机；下午检查鱼吃食情况，以确定次日投饵量。另外，酷热季节，天气突变时，应加强夜间巡塘，防止发生意外。

（2）适时注水，改善水质，一般 15～20 天加注新水一次。天气干旱时，应增加注水次数。如果鱼塘载体量高，必须配备增氧机，并科学使用增氧机。

（3）定期检查鱼生长情况，如发现生长缓慢，则须加强投喂。

（4）做好病害防治工作，虾下塘前要用 3% 食盐水浸浴 10 分钟或用防水霉菌的药物浸浴。5 月、7 月、9 月用杀虫药全池泼洒各一次，防止纤毛虫等寄生虫侵害。

七、放养优点

养成成活率高，投入少，产出大。成虾起捕可在第二年亲鱼人工繁殖时进行，一直延续数年，效益很高，对亲鱼的生长也无不良影响。

第三节　成鱼池生态混养小龙虾

一、生态混养原理

这种养殖模式主要适合于一般的常规成鱼养殖，根据各种鱼类的食性和栖息习性不同进行搭配混养，是一种比较经济合理的养殖方式。成鱼塘一般小杂鱼类较多，是小龙虾的适口鲜活饵料，混养小龙虾后有利于逐步清除小杂鱼，减轻池中溶解氧消耗、争食等弊端，同时可增加产量。

二、池塘条件

要选择水源充足、水质良好、水深为 1.0 米以上的成鱼养殖池塘。

三、放养时间

虾种放养应以秋放时间为好，一般在 8～9 月放养。放养时应用药物杀菌消毒，主要防止水霉菌感染，一般用食盐或抗水霉菌鱼药即可。

四、放养模式及数量

虾种规格一般要求 2 厘米以上，每亩 3000 尾。

五、饲料投喂

根据放养量和池塘本身的资源条件来看，一般不需投饵，混养的小龙虾以池塘中的野杂鱼和其他主养鱼吃剩的饲料为食。如发现鱼塘中确实饵料不足，可适当投喂。

六、日常管理

详见本章第二节六。

七、放养优点

这种模式在各地普遍采用，尤其适合于中小型养殖户，其优点是管理方便，不影响其他鱼类生长。

第四节 小龙虾和鲌鱼生态混养

利用虾、鲌栖息习性不同和对水质要求相似的特点，进行虾、鲌混养，可有效地利用养虾水域中的野杂鱼和残饵鱼类，这种模式可提高水体利用率。

一、生态混养原理

这种养殖模式主要是根据小龙虾单养产量较低、水体利用率偏低、池塘中野杂鱼多且小龙虾和翘嘴红鲌之间栖息习性不同等特点而设计，进行小龙虾、鲌鱼混养。

另外，龙虾、鲌鱼的养殖周期不同，小龙虾的养殖周期是从当年的 9 月份放养虾种开始，到第 2 年的 7 月份起捕完毕为止。在这段时间内，小龙虾从下塘就进入打洞和繁殖时期，基本上不在洞外活动，而此时正是鲌鱼生长发育的大好时机。待进入小龙虾的生长旺季和捕捞旺季的 3～7 月份，鲌鱼正处于繁殖状态，可另塘培育。

二、池塘条件

可利用原有小龙虾池，也可利用养鱼塘加以改造。要选择水源充足、水质良好、水深为 1.5 米以上、水草覆盖率达 35％的池塘。

三、清整池塘

主要是加固塘埂，浅水塘改造成深水塘，使池塘能保持水深达到 1.5 米以上。消毒清淤后，每亩用生石灰75～100 千克化浆全池泼洒，将生石灰溶化后不得冷却即进行全池泼洒，以杀灭黑鱼、黄鳝及池塘内的病原体等。

四、进水

在虾种或翘嘴红鲌鱼种投放前 20 天即可进水，水深达到 50～60 厘米。进水时用 60 目筛绢布严格过滤。

五、种草投螺

投放虾种前应移植水草，使小龙虾有良好的栖息环境。水草培植一般可选择苦草、伊乐藻、轮叶黑藻、金鱼藻及聚草等。种植苦草，用种量每亩水面 400～750 克，从 4 月 10 日开始分批播种，每批间隔 10 天。播种期间水深控制在 30～60 厘米，苦草发芽及幼苗期，应投喂土豆（丝）等植物性饲料，减少小龙虾对草芽的破坏。种植伊乐藻 100 千克/亩。水草难以培植的塘口，可在 12 月份移植伊乐藻，行距 2 米，株距 0.5～1 米。整个养殖期间水草总量应控制在池塘总面积的 50%～70%，水草过少要及时补充移植，过多应及时清除。

向池塘里放养螺蛳，投放量为 500 千克/亩，可以一次性投放完，也可以分批投放。

六、防逃设施

做好小龙虾的防逃工作是至关重要的，具体的防逃工作和设施应和前文一样。

七、小龙虾放养

虾的苗种放养有两种方式：一种是放养 3 厘米的幼虾，亩放 0.5 万尾，时间在春季 4 月，当年 6 月就可成为大规格商品虾；另一种就是在秋季 8～9 月放养抱卵亲虾，亩放 18 千克左右，翌年 4 月底就可以陆续出售商品虾，而且全年都有虾出售，建议采用这一种方法。抱卵亲虾要求体色鲜亮，无残无病，活动力强，第二性征明显。

八、鱼种放养

如果放养鲌鱼种夏花，宜在 8 月 1 日前进行；冬片放养时间为当年 12 月至翌年 3 月底之前。放养 2～4 厘米规格的鲌鱼种，池塘每亩投放 700～800 尾，另外，可放养 3～4 厘米规格夏花 500～1000 尾，搭配放养白鲢鱼种 20 尾/亩，花鲢鱼种 40 尾/亩。

九、饲料投喂

鲌鱼饲料的来源有几个方面：一是水域中的野杂鱼和活螺蛳；二是水域中培育的饵料鱼；三是喂虾吃剩的野杂鱼（死鱼）；四是饲养管理过程中补充饵料鱼，在生长后期饵料鱼不足时，应补充足量饵料鱼供鲌鱼及小龙虾摄食；五是投喂配合饵料；六是投放植物性饲料，以水草、玉米、蚕豆、南瓜为主。

投喂量则主要根据小龙虾、鲌两者体重计算，每日投喂 2～3 次，投喂率一般掌握在 5％～8％，具体视水温、水质、天气变化等情况调整。投喂饵料时翘嘴红鲌一般只吃浮在水面上的饲料，投放进去的部分饲料因来不及被鱼吃掉而沉入水底，小龙虾则喜欢在水底吃食。

十、日常管理

1. 水质管理

水质要保持清新，时常注入新水，使水质保持高溶氧。水位随水温的升高而逐渐升高，池塘前期水温较低时，水宜浅，水深可保持在 50 厘米，使水温快速提高，促进小龙虾蜕壳生长；随着水温升高，水深应逐渐加深至

1.5 米，底部形成相对低温层。水质要保持清新，水色清嫩，透明度在 35～40 厘米。夏季坚持勤加水，以改善水体环境，使水质保持高溶氧。

2. 病害防治

小龙虾、鲌鱼病害的防治主要以防为主，防治结合，重视生态防病，以营造良好生态环境，从而减少疾病发生。平时要定期泼洒生石灰、磷酸二氢钙以改善水质，如果发病，用药要注意兼顾小龙虾、鲌鱼对药物的敏感性。

3. 加强巡塘

一是观察水色，注意虾和鲌鱼的动态，检查水质，观察小龙虾摄食情况和池中的饵料鱼数量。

二是大风大雨过后及时检查防逃设施，如有破损及时修补，如有蛙、蛇等敌害及时清除，观察残饵情况，及时调整投喂量，并详细记录养殖日记，以随时采取应对措施。

4. 施肥

水草生长期间或缺磷的水域，应每隔 10 天左右施一次磷肥，每次每亩 1.5 千克，以促进水生动物和水草的生长。

第五节　小龙虾和鳜鱼生态混养

一、生态混养原理

这种养殖模式主要是根据小龙虾单养产量较低，水体利用率偏低，池塘中野杂鱼多且小龙虾和鳜鱼之间栖息习性不同等特点而设计，可提高水体利用率。

二、池塘条件

可利用原有小龙虾池，也可利用养鱼塘加以改造。要选择水源充足、水质良好、水深为 1.5 米以上、水草覆盖率达 25%左右的池塘。

池塘面积以 10 亩左右为宜，东西走向，长宽比以 3：1 为宜。为了预防疾病的传染，每个池塘都要有独立的进排水系统。

三、清整池塘

主要是加固塘埂，浅水塘改造成深水塘，使池塘能保持水深达到 1.8 米以上。消毒清淤后，每亩用生石灰75～100 千克化浆全池泼洒，将生石灰溶化后不得冷却即进行全池泼洒，以杀灭黑鱼、黄鳝及池塘内的病原体等。

四、及时注水

在虾种或鳜鱼鱼种投放前 20 天即可进水，水深达到50～60 厘米。进水时可用 60 目筛绢布严格过滤。

五、种草养螺

投放虾种前应移植水草，使小龙虾有良好栖息环境。水草培植一般可播种苦草、伊乐藻、轮叶黑藻、金鱼藻等。

每亩可放养螺蛳 500 千克/亩。

六、防逃设施

做好小龙虾的防逃工作是至关重要的，具体的防逃工作和设施见前文。

七、放养苗种

小龙虾放养是以抱卵虾为主，不宜放养幼虾，时间在9～10月底之前进行，亩放 15 千克左右。鳜鱼种放养时间宜在 8 月 1 日前进行，放养 2～4 厘米规格的鳜鱼种，每亩投放 500 尾。

八、饲料投喂

鳜鱼饵料的来源：一是水域中的野杂鱼；二是水域中培育的饵料鱼或补充足量的饵料鱼供鳜鱼及小龙虾摄食。

投喂量则主要根据小龙虾体重计算，每日投喂 2～3次，投饵量一般掌握在 5%～8%，具体视水温、水质、天气变化等情况调整。

九、日常管理

见第四节十。

第六节　小龙虾和泥鳅生态混养

这种养殖模式是利用两者生长的养殖周期不同而设计的，可充分利用水体空间资源和饵料资源，做到上半年养殖小龙虾，下半年养殖泥鳅，具有养殖周期短、投入资金少、见效快的优点。

小龙虾的养殖周期是从当年的 9 月份放养虾种开始，到第二年的 7 月份起捕完毕为止。小龙虾从下塘就进入打洞和繁殖时期，基本不在洞外活动，而此时正是泥鳅生长发育的大好时机。待进入小龙虾的生长旺季和捕捞旺季的 3～6 月份，泥鳅正处于繁殖状态，可另塘培育。也可在小龙虾池中轮养大规格的鳅种，使泥鳅在两三个月内就可以达到上市规格。

一、生态养殖池条件

由于泥鳅和小龙虾都喜欢栖息在浅水、静水的水域环境中，在浅水处的水草旺盛的地方更是多见，因此可利用原有蟹池或小龙虾池，也可利用养鱼塘加以改造。要选择水源充足、水质良好，水深为 1.2～1.5 米、水草覆盖率达 25% 左右的池塘。

养殖小龙虾、泥鳅的池塘面积不宜过大，一般 3～6 亩为宜，东西走向，长宽比以 5：1 或 5：2 为宜。为了预防疾病的传染，池与池不可相通，每个池塘都要有独立的进排水系统，排水系统设在池塘比较低一点的位置，排水口离池底 30 厘米为宜，这样便于控制水位。池塘四周及进排水口处要设置防逃设施。

二、准备工作

（1）清整池塘 主要是加固塘埂、夯实池壁，同时将浅水塘改造成深水塘，使池塘能保持水深达到 2 米以上。池底要保持有 15～20 厘米左右的软泥，起保肥的作用。池底要保持平坦，略微向排水口一侧倾斜 5～10 厘米，目的是为了能及时将池底的水排干净。

（2）池塘消毒 消毒清淤后，每亩用生石灰 75～100 千克化浆全池泼洒，杀灭黑鱼、黄鳝及池塘内的病原体等。一般在 7～10 天后，毒性基本消失后才能投放泥鳅和小龙虾苗种。

（3）进水 在虾种或泥鳅种投放前 20 天即可进水，水深达到 50～60 厘米。进水时可用 60 目筛绢布严格过滤。

（4）种草 投放虾种前应移植水草，使小龙虾和泥鳅有良好栖息环境。种好草既可以为小龙虾创造良好的栖息、蜕壳环境，又能满足泥鳅、小龙虾摄食水草的需要。水草培植一般可播种苦草、伊乐藻、轮叶黑藻、金鱼藻、水鳖草等。

（5）投螺 投放螺蛳一方面可以净化底质，还可以及时补充部分动物性饵料，尤其是刚繁殖出来的幼螺更是小龙虾和泥鳅的可口饵料。放养螺蛳的数量控制在 300 千克/亩左右，供小龙虾和泥鳅食用。

（6）培肥 每亩池塘施用发酵的猪粪和大粪 250 千克，加水 30 厘米浸泡 2 天，使池塘的底泥软化，做到泥烂水肥。施肥的主要目的是培育饵料生物，从而使虾苗和鳅苗下塘后就能有充足、可口的天然饵料摄食。在饲养管理阶段，可根据水色的变化及时施加追肥，一般每 10 天左右追肥一次，具体的追肥量应按池塘水质的肥瘦而定。

三、苗种放养

在选择虾苗时，要选择体质健壮、个体比较均匀的虾苗，如果发现虾苗活动迟缓、脱水较严重或受伤较多，就不要选用了。尤其是从农贸市场上收购的苗种，更要警惕，一定要仔细检查其质量。在苗种放养前一定要用 3% 食盐水洗浴 10 分钟，然后缓缓地放在浅水区，任它们自行爬动。在倒虾苗时一定要注意动作要轻，速度要慢，切不可直接倒入池塘中，否则入池的苗种成活率会大大降低。

　　由于小龙虾在生长发育的高峰期也是吃泥鳅的，所以在混养泥鳅时，最好避开小龙虾的生长高峰期，因此泥鳅的养殖周期短，要选择大规格的鳅种来放养。适宜放养的泥鳅苗种规格为 400～500 尾/千克，这种规格的体长约为 6～8 厘米，投放量为 2 万～3 万尾/亩。泥鳅的苗种可以从泥鳅繁殖场采购、自己人工繁殖培育或从农贸市场收购优质苗种，要求规格整齐、体质健壮、无病无伤。要注意的是，在苗种放养时一定要用 1%～2% 食盐消毒 3～5 分钟，也可用浓度为 10 毫克/千克的高锰酸钾溶液消毒 10 分钟。

四、饲料投喂

　　投喂量主要根据小龙虾体重计算，一般掌握在 5%～8%，具体视水温、水质、天气变化等情况调整。在养殖的全过程中，要搭配一定数量的新鲜动物性饵料，如新鲜的鱼虾、打碎的河蚌等，比例可占日投饵量的 50% 左右，以防小龙虾营养不良而造成虾体消瘦。投喂饵料时也是有讲究的，为了便于观察小龙虾的摄食和蜕壳情况，可沿着池塘的浅水区投喂，一般是采取带状投喂；也可采取定点投喂，为了便于小龙虾的取食，可每隔 2 米设立一个投料点。一般每天投喂两次，第一次在上午 9 时左右，投饵量占全天投饵量的 30%，第二次为下午 18 时左右，投饵量占 70%。

　　在这种混养模式中，泥鳅基本上是不用投喂人工配合饲料的，只需人工培育天然饵料就可以了。

五、调节水质、水位

　　主要是加强水质管理，改善水体环境，使水质保持高溶氧状态。在小龙虾或泥鳅苗种入池后，要适时、适量地追施发酵的有机粪肥，促进水草生长和培育饵料生物，每半月施一次生石灰水，用量为 7.5～10 千克/亩。在生长期间，一定要保持水位的相对稳定，一般水深可控制在60 厘米左右。生产实践表明，在水位经常变化的情况下，泥鳅和小龙虾都会打洞，尤其是小龙虾会掘很深的洞穴来隐藏，有时会直接影响堤埂的安全。长期在洞穴中生长的小龙虾和泥鳅都会出现生长僵化、停滞的现象，导致早熟现象，个体也较小，直接影响上市规格。因此，可以通过加水、排水的方法来控制水位和水温。

六、加强巡塘

每天要巡塘 2～3 次。

一是观察水色，保持池水处于"肥、活、嫩、爽"的良好状态，注意小龙虾和泥鳅的动态，检查水质的变化，观察小龙虾和泥鳅的摄食与生长情况，看池中的饵料是否有过剩。

二是大风大雨过后及时检查防逃设施，由于小龙虾和泥鳅的逃逸能力很强，尤其是在暴雨或连日阴雨时更会逃跑，因此要加强对防逃设施的检查，如有破损及时修补，如有鼠、蛙、蛇等敌害及时清除，并详细记录养殖日记，以随时采取应对措施。

三是保持环境的相对稳定安静，否则会影响小龙虾的摄食及蜕壳生长。

四是若池水过肥要及时开启增氧机来进行增氧。

七、病害防治

对泥鳅和小龙虾疾病的防治主要以防为主、防治结合，重视生态防病，以营造良好生态环境，从而减少疾病发生。平时要定期泼洒生石灰、磷酸二氢钙、强氯精等以改善水质，杀灭病菌。在养殖期间，小龙虾很可能罹患纤毛虫病，一定要加以重视。投喂的饲料要新鲜没有变质的情况，在配合饲料中要适当添加一些光合细菌及免疫剂，以增强泥鳅和小龙虾的免疫力。如果发病，用药要注意兼顾小龙虾、泥鳅对药物的敏感性，对有机磷、敌杀死、除虫菊酯等药物很敏感，在防病治病时要注意不能选用，就是在加水时也要注意查明水源情况，以防万一。

八、捕捞方法

捕捞工具基本上是通用的，都可以用地笼来捕捉，效果非常好。有时为了取得更好的效果，可以在使用地笼时加一些诱饵，例如动物内脏、熬过的骨头等。泥鳅的捕捞时间是在 10 月上旬当水温在 15～18℃时，而小龙虾是在 5 月底就可以捕捉上市了。在捕捉时，先将地笼沉入池底，两端吊起，离水面约 30～40 厘米高，如果发现两端下沉时，就要及时倒出泥鳅和小龙虾，以免密度过大或沉水时间过长而导致缺氧闷死。

第七节　小龙虾、黄鳝生态套养技术

养殖户都知道，黄鳝和小龙虾是目前养殖效益较高的两个水产品种，如果能在一个池塘里同时实现小龙虾和黄鳝的养殖，经过一个养殖周期后，能提供相当数量的商品小龙虾和商品黄鳝，将会给池塘养殖带来更好的经济效益。

一、生态养殖优势

1. 养殖模式

这是一种利用池塘养殖和网箱养殖相结合的模式，在池塘里设置网箱养殖黄鳝，在网箱外养殖小龙虾，在养殖小龙虾时网箱可以收起，也可以不收，继续放在池塘里。

2. 提高池塘的利用效率

在池塘里采用网箱养殖黄鳝时，都是在每年 6～7 月份开始投放黄鳝苗种，11～12 月份捕捞商品黄鳝。池塘的实际利用时间只有半年，而其他的时间里这个池塘基本上是处于空闲状态，并没有得到充分利用。实施这种养殖模式后，可以合理利用时间差，养一季小龙虾，再养一季黄鳝，可充分利用池塘资源，使池塘利用率和养殖效益得到很大提升。

3. 减少病害发生，提高商品虾、鳝的质量

无论是在哪一种水体中，只要是用网箱养殖的，就必须投喂大量的饲料。在池塘里设置网箱养殖黄鳝时，也需要投喂大量的蛋白质含量较高的动物性饲料，黄鳝在捕食过程中，总会有一些饲料溢出网箱外，或者是破碎后沉到塘底，时间一长，这些在池底的饲料就会败坏，从而污染水质，导致浮游微生物过度繁殖，使黄鳝抗病能力下降，容易导致黄鳝发生疾病。小龙虾则能充分利用这些黄鳝的剩余饲料，及时地将沉积在池底的饲料吞食掉，从而起到净化水质的作用，因此采用小龙虾和黄鳝在一起养殖时，养虾、养鳝相互交叉喂养，就可以有效地降低黄鳝发生疾病的可能性，从而提高商品虾、鳝的质量，有着极其高的

实用价值和经济效益。

4.降低养殖成本

由于小龙虾能及时消解黄鳝吃剩下的饲料，甚至部分黄鳝的粪便也能被小龙虾摄食，而且小龙虾生长极快且肥壮，形成了全生态的环境，对改良水体水质和减少病虫害的发生有益，因此养殖水体的水色比较好。故此，养鳝期间换水、冲水和调节水质的次数也可以相应减少，从而有效地降低养殖成本，提高经济效益。

二、养殖流程

每年从6月份开始用网箱养殖黄鳝，同时在网箱外的池塘里套养小龙虾的幼虾。一直养殖到9月下旬至10月中旬时，池塘里的幼虾已经全部达到上市规格了，这时可陆续起捕大规格的小龙虾上市，同时也要留足亲虾，为下一年的养殖做好种苗的贮备工作。一般每亩可留15～20千克小龙虾种虾，让小龙虾在养鳝池自然繁殖，其余的小龙虾全部出售。待11～12月份将黄鳝捕捞销售，也可暂养到春节或第二年的元宵节前后出售，这时的价格是一年中最高的；可将网箱从池塘里取出，这样就可以腾出更多的地方来养殖小龙虾，同时种植水草，加水至1.0～1.5米。此时种虾已经进洞穴孵化幼虾了，让小龙虾在池塘中自然越冬。第二年的清明节前后，当水温上升时，看到池边有部分小龙虾在活动时，就要及时投喂小龙虾饲料。从4月下旬开始轮捕轮放池塘里的小龙虾，以降低池塘里的养殖密度，一直捕到6月份，这时池塘里的成虾基本全部捕捞完，只留下少部分亲虾供繁殖留种用，还有一些特别小的幼虾也要留在池塘里继续发育。同时将网箱插到池塘里进行下一轮的黄鳝网箱养殖。如此循环，即可实现虾、鳝高产高效的轮养。

三、池塘条件

池塘条件和一般的池塘相似，但是最好要有深有浅，这样可以在深水区实施网箱养殖黄鳝，在浅水区放养小龙虾。其他的池塘消毒、水草种植和防逃设施都和前文一样。

四、苗种放养

1. 放养前的处理

网箱的密度一般是每亩净水面设置网箱总面积 300 米² 左右，每口网箱面积 15 米²。在黄鳝苗种投放前，每口网箱中要种植水草占网箱面积的一半，同时在池塘中的四周的浅水区也要种植水草。网箱里的水草用水葫芦和水浮莲最佳，池塘里的水草用水花生和水葫芦，在四周种水花生，而在中间则用水葫芦。

2. 黄鳝苗种的放养

适宜投放苗种的天气为连续 5 天左右的晴朗天气，投放时间为 6 月中旬至 7 月中旬。具体的投放时间可在下午 4 时左右，要一次性投好。要求鳝种规格一致，体质健壮，无病无伤，投放密度为 1 千克/米²。

3. 小龙虾的放养

初次在网箱养殖黄鳝的池塘里养殖小龙虾时，小龙虾苗种的投放可分两次：第一次是在 6 月份，收购当地的小龙虾幼苗，每亩放养 120 千克，2 个月后可以全部捕捞干净；第二次投放时间最好在 9 月下旬至 10 月中旬，投放抱卵亲虾，每亩放养数量 15 千克左右。以后每年在捕捞小龙虾时，同时留足亲虾就可以了，不需要再次投种。

4. 配养鱼的投放

在这种混养模式中，还可以投放一些配养鱼，主要是以吃食浮游生物为主的鲢、鳙鱼，同时可充分利用空间，每亩可投放 10 厘米左右的鲢、鳙鱼各 50 尾。所有的虾、鳝和鱼在入池前均要进行体表消毒，杀灭病原菌。

5. 小龙虾苗种对网箱的影响

在最初发展这项模式时，有许多农民朋友担心这两者都是肉食性的，会相互残杀，更加担心小龙虾会夹破网箱，导致网箱里的黄鳝逃跑，事实证明这种担忧是多余的。因为小龙虾只要有食物，基本上活动在周边 1～2 米^{2}的范围内，夜间出来活动也是底栖为主，靠近水草、塘埂边；而养殖黄鳝的网箱是在池塘的深水区，小龙虾并不喜欢在那里栖息、生活。另外，在 6 月份投放小龙虾幼苗，它们的活动能力还是比较弱的，只养殖 2 个月左右就起捕上市了，它们对网箱的危害并不严重；而 9 月份的抱卵虾放入池塘后，为了繁衍后代的本能需要，它们会迅速寻找田埂或池底打洞繁殖，所以是不会夹穿网箱的。

五、科学投喂

在投喂这个问题上，要做到科学合理进行饲料的投喂，听从技术员的合理要求和建议，使饲料投入少，从根本上能够节约资金。在这个养殖模式中，主要是投喂黄鳝，每天在傍晚投料一次，投饲量占黄鳝体重的 5%，主要以鲢、鳙鱼的肉糜、螺、蚌等动物为主食，辅以配合饲料。

小龙虾的食物来源：一是以黄鳝的残饵和粪便为食；二是以水草为食；三是以其他食物为食，如腐屑、浮游生物等。不需要投喂其他饲料。

六、疾病防治

虾、鳝混养、轮养时，病害的发生率较低，在养殖过程中以预防为主，规范用药，合理使用好药物，作好药物使用记录，生产无公害成品。主要方法是：一是在鳝种和虾种投放前，要进行药浴消毒；二是每个月用聚维酮碘全池泼洒1次，浓度为3毫克/升，预防细菌性疾病；三是注意多观察，勤巡视，抓好高温多变时节易发病的早期预防，适当换水增加含氧量；四是每隔半个月用内服药物如蠕虫净等拌饵，预防黄鳝体内寄生虫。要注意切忌使用敌百虫来防治黄鳝、小龙虾的疾病。

七、捕捞

黄鳝的捕捞很简单，到了适当时期，只要将网箱里的水草取出，提起网衣，将网箱里的黄鳝集中到一角就可以直接捕捞了。

小龙虾的捕捞采用捕大留小的方法，用2～2.5厘米网眼的中号地笼重复捕捞。小龙虾是越捕越长，尤其是下一次雨，猛长一次，一般是捕2天，停2天。这是因为随着捕捞次数的增加，池塘里的小龙虾密度就会变小，其生长速度也就加快。

第八节　小龙虾与南美白
对虾生态混养

在池塘中进行小龙虾与南美白对虾混养，是利用南美白对虾能在淡水中养殖的特点，采取科学的技术措施，达到增产增效的目的。

一、池塘选择

一般选择可养鱼的池塘或利用低产农田四周挖沟筑堤改造而成的提水养殖池塘，面积不限，要求水源充足、水质条件良好、池底平坦。底质以砂石或硬质土底为好，无渗漏，进排水方便。虾池的进、排水总渠应分开，进、排水口应用双层密网防逃，同时也能有效地防止蛙卵、野杂鱼卵及幼体进入池塘危害蜕壳的虾。为便于拉网操作，一般面积以 20 亩左右为宜，水深 1.5～1.8 米。

二、配套设施

1. 防逃设施

和南美白对虾相比，小龙虾的逃逸能力比较强，因此在进行小龙虾池混养殖南美白对虾时，必须设置防逃设施。防逃设施有多种，具体的使用方法见前文。

2. 隐蔽设施

无论对于南美白对虾还是小龙虾来说，在池塘中设有足够的隐蔽物，对于它们的栖息、隐蔽、蜕壳等都有好处，因此可以设置竹筒、瓦片、网片、砖块、石块、竹排、塑料筒、人工洞穴等隐蔽物体供其栖息穴居，一般每亩要设置人工巢穴 500 个左右。

3. 其他设施

用塑料薄膜围拦池塘面积的 5％左右作为南美白对虾的暂养池，同时根据池塘大小配备抽水泵、增氧机等机械设备。

三、池塘准备

1. 池塘清整、消毒

要做好平整塘底、清整塘埂的工作，使池底和池壁有良好的保水性能，尽可能减少池水的渗漏。对旧塘进行清除淤泥、晒塘和消毒工作。5月初抽干池水，清除淤泥，每亩用生石灰100千克、茶籽饼50千克溶化和浸泡后分别全池泼洒，可有效杀灭池中的敌害生物如鲶鱼、泥鳅、乌鳢、蛇、鼠等及一些致病菌。

2. 种植水草

经过滤注水后，就要开始移栽水草，这是对南美白对虾和小龙虾生长发育都有好处的一项措施。水草的种植方法同前文。

四、培肥

每亩池塘施用发酵的猪粪和大粪200千克，加水30厘米浸泡2天，使池塘的底泥软化，做到泥烂水肥。施肥的主要目的是培育饵料生物，从而使虾苗下塘后就能有充足、可口的天然饵料摄食。在饲养管理阶段，可根据水色的变化及时施加追肥，一般每10天左右追肥一次，具体的追肥量应根据池塘水质的肥瘦而定。

五、放养螺蛳

螺蛳是小龙虾很重要的动物性饵料，在放养前必须放足鲜活的螺蛳，一般是在清明前每亩放养鲜活螺蛳200～300千克，以后根据需要逐步添加。投放螺蛳一方面可以改善池塘底质，另一方面可以为南美白对虾和小龙虾补充部分动物性饵料，还有就是螺蛳壳可以提供一定量的钙质，能促进南美白对虾和小龙虾的蜕壳。

六、苗种投放

石灰水消毒后，待 7～10 天水质正常后即可放苗。

1. 南美白对虾苗种的放养

在 5 月上中旬放养南美白对虾为宜，选购经检疫的无病毒健康虾苗，规格 2 厘米左右，将虾苗放在浓度为 20 毫克/升福尔马林液中浸浴 2～3 分钟后放入大塘饲养。每亩放养量为 1 万～1.5 万尾为宜。同一池塘放养的虾苗规格要一致，一次放足。

2. 小龙虾苗种的放养

在选择小龙虾苗种时，要选择光洁亮丽、甲壳完整、肢体完整健全、无伤无病、体质健壮、个体比较均匀的虾苗，如果发现虾苗活动迟缓、脱水较严重或受伤较多，就不要选用了。尤其是从农贸市场上收购的苗种，更要警惕，一定要仔细检查其质量。放养时先用池水浸 2 分钟后提出片刻，再浸 2 分钟提出，重复三次，再用 3%～4% 食盐水溶液浸泡消毒 3～5 分钟，杀灭寄生虫和致病菌，然后缓缓地放在浅水区，任它们自行爬动。在倒虾苗时一定要注意动作要轻，速度要慢，切不可直接倒入池塘中，否则入池的苗种成活率会大大降低。

3. 混养的鱼类

在进行南美白对虾和小龙虾混养时，可适当混养一些鲢、鳙鱼等中上层滤食性鱼类，以改善水质，充分利用饵料资源，而且这些混养鱼也可作为检测塘内是否缺氧的指示鱼类。鱼种规格 15 厘米左右，每亩放养鲢、鳙鱼种

50 尾。

七、饲料投喂

当南美白对虾和小龙虾进入大塘后可投喂专用南美白对虾、小龙虾饲料，也可投喂自配饲料。自配饲料配方：鱼粉或鱼干粉或血粉 17％、豆饼 38％、麸皮 30％、次粉 10％、骨粉或贝壳粉 3％、黏合剂 2％，另外添加 1‰ 专用多种维生素。按南美白对虾、小龙虾存塘重量的 3％～5％掌握日投喂量，每天上午 7～8 时投喂日总量的 1/3，剩下的在下午 15～16 时投喂，后期加喂一些轧碎的鲜活螺、蚬肉和切碎的南瓜、土豆，作为虾的补充料。混养的鲢、鳙鱼不需要单独投喂饵料。

八、加强管理

一是强化水质管理，整个养殖期间始终保持水质达到"肥、爽、活、嫩"的要求。在南美白对虾放养前期要注重培肥水质，适量施用一些基肥，培育小型浮游动物供南美白对虾和幼小的小龙虾摄食。每 15～20 天换一次水，每次换水 1/3。高温季节及时加水或换水，使池水透明度达 30～35 厘米。每 20 天泼洒一次生石灰水，每次每亩用生石灰 10 千克。

二是养殖期间要坚持每天早晚巡塘一次，检查水质、溶氧、虾吃食和活动情况，经常清除敌害。

三是加强蜕壳虾的管理，通过投饲、换水等技术措施，促进小龙虾和南美白对虾群体集中蜕壳。平时在饲料中添加一些蜕壳素、中草药等，起到防病和促进蜕壳的作用。在大批虾蜕壳时严禁干扰，蜕壳后及时添加优质饲料，严防因饲料不足而引发虾之间的相互残杀。

九、捕捞

南美白对虾的收获，采用抄网、地笼、虾拖网等工具捕大留小，水温18℃以下时放水干池捕虾。

对于小龙虾可以采取每天用地笼张捕的方式，然后捕大留小，一方面可以及时回收资金，另一方面也可以减少池塘里的养殖密度，促进小龙虾更好更快地生长。

第九节　罗非鱼池生态套养小龙虾

罗非鱼是我国引进推广比较成功的淡水养殖品种之一，但由于养殖规模的迅速发展，越冬苗种的需求增大，种质退化、全雄率不高等矛盾突出地表现出来，成鱼早熟、过度繁殖使得大量低值幼鱼争夺饵料和空间，严重影响了成鱼产量、品质及养殖效益的提高。通过投放小龙虾，可以有效地控制罗非鱼幼鱼的生长，既解决了小龙虾的部分饵料问题，保证了小龙虾的生长速度，又控制了小罗非鱼的数量，加快了罗非鱼的生长速度，提高了池塘水面的养殖总产量。

在食性上，两者可以互补，能有效地利用池塘的食物资源，提高经济效益。

另一方面，罗非鱼是一种暖水性鱼类，当水温低于15℃时，它就会处于休眠状态，因此在我国长江流域一带的养殖时间非常短。根据罗非鱼的温度条件和长江流域的温度及水文条件，罗非鱼的生长期只有半年时间，在其他将近半年的时间里，养殖池一直都处于空闲状态，因此可以在罗非鱼的养殖池中套养小龙虾，能够取得很好的经济效益。

一、池塘条件

由于罗非鱼喜欢生活在具有一定肥度的水体中，池塘面积过大时，水体不易培肥，而且在捕捞时也不易捕干净，所以宜选择面积相对较小的池塘，一般以 8～10 亩为宜，水深以 1～1.5 米为宜。池塘最好有缓坡，方便种植水草和小龙虾的爬行。

池塘必须建在水源充足，注排水方便的地方，水质干净无毒，有一定的肥度。每个池塘都要有独立的进排水系统，便于控制水位，池塘四周及进排水口处要设置防逃设施。

二、放养前的准备工作

1. 池塘清整与消毒

和一般的池塘处理一样，具体的清整方法和消毒措施同前文。

2. 进水

在虾种或罗非鱼鱼种投放前 20 天即可进水，水深达到 50～60 厘米。进水时可用 60 目筛绢布严格过滤。

3. 种草

投放虾种前应移植水草，使小龙虾有良好栖息环境。种好草既可以为小龙虾创造良好的栖息、蜕壳的环境，又能满足小龙虾摄食水草的需要。但是养殖罗非鱼时也不能有太多的水草，所以建议将水草种植在池塘的四周。水草培植一般可播种苦草、伊乐藻、轮叶黑藻、金鱼藻、水鳖草等。

4. 投螺

投放螺蛳一方面可以净化底质，还可以及时补充部分动物性饵料，尤其是刚繁殖出来的幼螺更是小龙虾的可口饵料。放养螺蛳的数量控制在 100 千克/亩左右就可以了，供小龙虾食用。螺蛳可以充分利用罗非鱼吃剩下的腐屑，并不需要另外管理和投喂。

5. 培肥

由于罗非鱼是喜肥鱼类，而螺蛳和小龙虾也吃浮游生物，因此在放养前需要施重肥，培育好浮游生物。每亩池塘施用发酵的猪粪和大粪 500 千克，同时施加尿素 3 千克/亩、过磷酸钙 2 千克/亩。在饲养管理阶段，可根据水色的变化及时施加追肥，一般每 10 天左右追肥一次，具体的追肥量应根据池塘水质的肥瘦而定。

三、苗种的放养

1. 罗非鱼的放养

罗非鱼的品种很多，有尼罗罗非鱼、莫桑比克罗非鱼、奥利亚罗非鱼和红色罗非鱼，以及杂交一代福寿鱼、吴郭鱼等。除了雄性化的罗非鱼之外，其他各品种成鱼池中都可以混养小龙虾。

在长江中下游地区可在 4 月中旬放养，此时水温基本稳定在 18℃左右。如果放养时间过早，池塘的水温过低，会导致罗非鱼大量死亡；而放养过迟又会造成养殖时间过短，势必影响最后出塘的规格和产量。放养规格是 4 厘米/尾，每亩放养 1200 尾，放养时要求规格尽量整齐，体质健壮，无病无伤。放养前应采用食盐水或亚甲基蓝溶液对鱼种进行药浴消毒，防止鱼种受伤后感染水霉病或受到其他病菌的侵袭。

2. 小龙虾的放养

放养 2～3 厘米的幼虾时，亩放 2000 尾，时间也是在春季 4 月，可采用人工繁殖或从天然水域中捕捞的苗种；也可以在秋季 8～9 月放养抱卵虾，亩放 10 千克左右。

在苗种放养前一定要用 3％食盐水洗浴 10 分钟，然后缓缓地放在浅水区，任它们自行爬到池塘里。

四、饲料投喂

这种养殖模式是以养殖罗非鱼为主的，饲料投喂也要先保证罗非鱼的供应。一般每天可投喂罗非鱼专用饲料 2 次，投喂时间分别在上午 8～9 时和下午 15～16 时，日投喂量为鱼体重的 3％～5％。当然具体的投喂量和投喂时间还要根据罗非鱼的吃食情况、水温、天气和水质灵活掌握。

小龙虾可以不必另外投喂饲料，因为池塘里有丰富的水草和充足的螺蛳，满足小龙虾的摄食需求。另外还有部分罗非鱼没有吃完的饲料也会被小龙虾摄食。

五、日常管理

一是适时开启增氧机。由于罗非鱼喜肥，所以池塘的肥度是比较高的，这种较肥的水体在夏季很容易出现缺氧。平时要做好检查工作，一旦发现池塘四周出现大量的小虾和小鱼时或者在水草上出现大量的小龙虾时，可能是水体里面缺氧了，这时就要及时开启增氧机来增加水中溶解氧，以防意外的发生。

二是加强施肥管理，经常施追肥。一般每周可施追肥一次，具体的使用量要根据水温、天气情况和水色的变化来确定。

三是水面种植适量的漂浮性水草，要有固定的位置，为小龙虾营造隐蔽、捕食的环境。

四是在塘埂上要安装防逃设施，可用尼龙网网围，然后在网上加缝一条宽约 20 厘米的硬质塑料薄膜，防止小龙虾爬出养殖池而逃跑。

六、捕捞

可从 5 月份开始捕捞小龙虾，根据市场需求，用地笼进行捕大留小。根据市场需求和价格来确定罗非鱼的捕捞时间，但要注意的是在温度下降到 12℃前，必须全部捕捞出池，以免在低温条件下冻伤或冻死。由于在捕捞时罗非鱼可能先会跳跃，然后潜入底泥中一动不动，这就给捕捞带来一定的困难，因此可先用网拖捕几次，最后干塘捕获罗非鱼。在捕获罗非鱼后要立即放水，让小龙虾继续吃食和生长。

第十节　小龙虾与河蟹生态混养

由于小龙虾会与河蟹争食、争氧、争水草，且两者都具有自残和互残的习性，传统养殖一直把小龙虾作为蟹池的敌害生物，认为在蟹池中套养小龙虾是有一定风险的，小龙虾会残食正在蜕壳的软壳蟹。但是从养殖实践来看，养蟹池塘套养小龙虾是可行的，并不影响河蟹的成活率和生长发育。

一、池塘选择

池塘选择以养殖河蟹为主，要求水源充足，水质条件良好，池底平坦，底质以砂石或硬质土底为好，无渗漏，进排水方便。蟹池的进、排水总渠应分开，进、排水口应用双层密网防逃，同时也能有效地防止蛙卵、野杂鱼卵及幼体进入池塘危害蜕壳虾蟹。为了防止夏天雨季冲毁堤埂，可以开设一个溢水口，溢水口也用双层密网过滤，防止幼虾、幼蟹趁机顶水逃走。

对于面积 10 亩以下的河蟹池，应改平底型为环沟型或井字沟型，池塘中间要多做几条塘中埂，埂与埂间的位置交错开，埂宽 30 厘米即可，只要略微露出水面即可。对于面积 10 亩以上的河蟹池，应改平底型为交错沟型。这些池塘改造工作应结合年底清塘清淤一起进行。

二、防逃设施

无论是养殖小龙虾还是河蟹，防逃设施是必不可少的一环。防逃设施常用的有两种：一是安插高 45 厘米的硬质钙塑板作为防逃板，注意四角应做成弧形，防止小龙虾沿夹角攀爬外逃；二是采用网片和硬质塑料薄膜共同防逃，既可防止小龙虾逃逸，又可防止敌害生物进入伤害幼虾。

三、隐蔽设施

池塘中要有足够的隐蔽物，可以设置竹筒、瓦片、网片、砖块、石块、竹排、塑料筒、人工洞穴等隐蔽物体供其栖息穴居，一般每亩要设置 3000 个以上人工巢穴。

四、池塘清整、消毒

要做好平整塘底、清整塘埂的工作，使池底和池壁有良好的保水性能，尽可能减少池水的渗漏。对旧塘进行清除淤泥、晒塘和消毒工作，可有效杀灭池中的敌害生物如鲶鱼、泥鳅、乌鳢、蛇、鼠等及一些致病菌。

五、种植水草

"蟹大小，看水草""虾多少，看水草"。在水草多的池塘养殖河蟹和小龙虾的成活率非常高。水草是小龙虾和河蟹隐蔽、栖息、蜕皮生长的理想场所，水草也能净化水质，减小水体的肥度，对提高水体透明度，促进水环境清新有重要作用。同时，在养殖过程中，有可能发生投喂饲料不足的情况，由于河蟹和小龙虾都会摄食部分水草，因此水草也可作为河蟹和小龙虾的补充饲料。要保证蟹池中水草的种植量，水草覆盖面积要占整个池塘面积的 50% 以上，这样可将河蟹和小龙虾相互之间的影响降到最低。小龙虾和河蟹最好在蟹池中水草长起来后再放入。

六、投放螺蛳

螺蛳是河蟹和小龙虾很重要的动物性饵料，在放养前必须放足鲜活的螺蛳，每亩放养量 200～400 千克。投放螺蛳一方面可以净化底质，另一方面可以补充动物性饵料，还有就是螺蛳壳可以提供一定量的钙质，能促进河蟹和小龙虾的蜕壳。

七、蟹、虾放养

石灰水消毒后，待 7～10 天水质正常后即可放苗。

蟹、虾的质量要求：一是体表光洁亮丽、肢体完整健全、无伤无病、体质健壮、生命力强；二是规格整齐，稚虾规格在 1 厘米以上，扣蟹规格在 80 只/千克左右。同一池塘放养的虾苗、蟹种规格要一致，一次放足。

一般蟹池套养小龙虾每亩放虾苗 2000 尾，在 3 月左右投放；扣蟹 600 只，在 5 月左右投放。放养量不宜过多，否则会造成养殖失败。要注意的是，蟹、虾放养前用 3％～5％食盐水浴洗 10 分钟，杀灭寄生虫和致病菌。同时可适当混养一些鲢、鳙鱼等中上层滤食性鱼类，以改善水质，充分利用饵料资源，而且可作为检测塘内是否缺氧的指示鱼类。

八、合理投饵

河蟹和小龙虾一样都食性杂，且比较贪食，喜食小杂鱼、螺蛳、黄豆，也食配合饲料、豆饼、花生饼、剁碎的空心菜及低值贝类等。让河蟹和小龙虾吃饱是避免河蟹和小龙虾自相残杀和互相残杀的重要措施，因此要准确掌握池塘中河蟹和小龙虾的数量，投足饲料。饲料投喂要掌握"两头精、中间粗"的原则。在大量投喂饲料的同时要注意调控好水质，避免大量投喂饲料造成水质恶化，引起虾、蟹死亡。

九、加强管理

1. 水质管理

强化水质管理，保证溶氧充足，保持水质"肥、爽、活、嫩"。在小龙虾放养前期要注重培肥水质，适量施用一些基肥，培育小型浮游动物供小龙虾摄食。每 15～20 天换一次水，每次换水 1/3。水质过肥时用生石灰消杀浮游生物，一般每 20 天泼洒一次生石灰水，每次每亩用生石灰 10 千克。

2. 密度控制管理

养殖期间要适时用地笼等将小龙虾捕大留小，以降低后期池塘中小龙虾的密度，保证河蟹生长。

3. 加强蜕壳虾、蟹的管理

通过投饲、换水等技术措施，促进河蟹和小龙虾群体集中蜕壳。在大批虾、蟹蜕壳时严禁干扰，蜕壳后及时添加优质饲料，严防因饲料不足而引发虾、蟹之间的相互残杀。

第十一节　鳖池生态轮养小龙虾

现在许多鳖养殖场由于养殖周期或资金周转的原因，一些养殖池处于空闲状态，如果将这些池塘进行充分利用，可以有效地提高养殖效益。鳖池在建设之初设计得比较科学，原来的设施性能良好，既有防逃设施，又在池中设置了各种平台供鳖栖息、晒背，这种平台对于小龙虾而言是非常好的设施。所以，利用鳖上市后的养殖空闲期，利用这些池塘进行小龙虾的轮养，可以使池塘得到充分利用，而且池塘无需改造，可直接用来养虾。

一、清池消毒

在鳖上市后，对养殖池要进行清理消毒后方可使用。每亩需用 100 千克左右的生石灰化水后趁热彻底清池消毒，以杀灭各种残留的病原体；也可用漂白粉或漂白精进行消毒。

二、培肥

在预定投放虾苗前 10 天，将池塘里的水先全部换掉，然后每亩用 250 千克腐熟的人粪尿或猪粪泼洒，再在池塘的四角堆沤 500 千克青草或菊科植物，以培育浮游生物，供虾苗下塘时食用。

三、防逃设施的检查

养鳖的池塘一般有一套完善的防逃设施，在养殖小龙虾前要对这些防逃设施进行全面的检查，如果有破损处要及时修补或更换新的防逃设施。特别是进出水口也要检查，进出水口处需用纱网拦好，一来可防止敌害生物进入池内危害幼虾和蜕壳虾，二来也能防止小龙虾通过出水口管道逃跑。

四、隐蔽场所的增设

养鳖池塘的池底都会设置大量的隐蔽场所，在养殖小龙虾时最好再放些石块、瓦片或旧轮胎、树枝、破旧网片等作为隐蔽物，这些隐蔽物对于小龙虾的躲藏、蜕壳是大有好处的。

五、水草栽培

水草既可供小龙虾摄食，同时又为虾提供了隐蔽、栖息的理想场所，也是小龙虾蜕壳的良好处所，可以减少残杀，增加成活率，所以在养殖小龙虾时水草栽培是不可忽视的一项工作。对于利用养殖鳖的空闲池塘而言，种植水草可能是最大的一个池塘改造工程了。

由于养鳖池塘大部分都是水泥池，要想在池中直接栽种水草是比较困难的，因此可以采取放草把的方法来满足小龙虾对水草的要求。方法是把水草扎成团，大小为 1 米² 左右，用绳子和石块固定在水底或浮在水面，每亩可放 30 处左右，每处 10 千克水草，用绳子系住，绳子另一端漂浮于水面或固定于水面。也可用草框把水花生、空心菜、水浮莲等固定在水中央。要注意的是，这种吊放的水草是不易成活的，所以过一段时间发现水草死亡糜烂时，就要及时更换新的。也可以把水花生捆成条状用石块固定在池子的周边，水花生的成活率较高，可以减少经常更换水草的麻烦。如果池塘是土池底，可以按常规方法进行水草的栽培或移植。

水草总面积要控制在池塘总面积的 1/4～1/3 为宜，不能过多，否则会覆盖住池塘使池水内部缺氧而影响小龙虾的生长。

六、放养密度

利用鳖池养殖小龙虾，每亩可投放 3 厘米左右的幼虾 1 万尾。如果条件许可的话，一年可放苗 2～3 茬，只要管理到位，投喂得到保证，都可以获得很好的产量和产值。

七、饲料投喂

在投喂饲料时严格按"定质、定量、定点、定时"的技术要求进行，要保证有足够的、营养全面的饲料。晚上投饲量应占全日的 70%～80%，每次投饲以吃完为度。

一般仔虾投喂量为池中虾体总重量的 15%～25%，成虾投喂量为 5%～10%。过多会造成池水恶化；饲料不足，易造成小龙虾自相残杀。

八、水位、水质的调控

养鳖的池塘水位一般都设计得不是太深，为 1.2 米左右。对于养殖小龙虾来说已经足够了，只要平时将虾池的水位保持在 1 米以上就行。

池水应保持一定的肥度，太清澈的水不利于小龙虾的生长。养鳖池的进排水系统比较完备，要充分利用这种设施，在高温季节尽可能做到每天都适当换水，换水时间掌握在白天下午 1～3 时或夜晚的下半夜。其作用一来可以使池水保持恒定的温度，二来可以增加水中溶氧，对于小龙虾的生长和蜕壳具有非常重要的作用。另外，池水中定期施用生石灰，使池水 pH 保持在 7～8，中性偏碱的水质有利于小龙虾的生长与蜕壳。

九、做好防暑降温工作

对于一些水位较浅的水泥池，夏季高温期可以在池面拉遮阳网，或在水面增放些水浮莲，池底多铺设一些隐蔽物。

十、捕捞

利用鳖池养殖小龙虾，在起捕时是非常方便的。由于池里遍布各种隐蔽物，所以不可能用网捕，一般可用笼捕，最后直接放水干塘捕捞就可以了。

第四章 稻田生态养殖小龙虾

第一节 稻田生态养殖小龙虾的基础

一、稻田生态养殖小龙虾的现状

稻田养殖小龙虾在国外早就已经开始运用了，尤其是美国采用各种模式开发小龙虾的养殖，稻田养殖是比较成功的一种。

在我国，近年来对小龙虾的增养殖进行了各种模式的尝试与探索，其中利用稻田养殖小龙虾已经成为最主要的养殖模式之一，养殖技术日益成熟。

由于小龙虾对水质和饲养场地的条件要求不高，加之我国许多地区都有稻田养鱼的传统，在养鱼效益下降的情况下，推广稻田养殖小龙虾可为稻田除草、除害虫，并且少施化肥、少喷农药。有些地区还可在稻田采取中稻和小龙虾轮作的模式，特别是那些只能种植一季水稻的低洼田、冷浸田，采取中稻和小龙虾轮作的模式，经济效益很可观。在不影响中稻产量的情况下，每亩可出产小龙虾100～130千克。

二、稻田生态养殖小龙虾的原理

在稻田里养殖小龙虾，是利用稻田的浅水环境，辅以人为措施，发挥稻、虾互补互利的条件，既种稻又养虾，以提高稻田单位面积效益的一种生产形式，也是目前小龙虾养殖中最具推广价值的一种生态养殖模式。

稻田养殖小龙虾共生原理的内涵就是以废补缺、互利助生、化害为利，在稻田养虾实践中，人们称为"稻田养虾，虾养稻"。稻田是一个人为控制的生态系统，稻田养龙虾，促进稻田生态系中能量和物质的良性循环，使其生态系统又有了新的变化。稻田中的杂草、虫子、稻脚叶、有机碎屑、腐殖质、底栖生物和浮游生物对水稻来说不但是废物，而且都是争肥的，如果在稻田里放养小龙虾这一类杂食性的虾类，不仅可以利用这些生物作为饵料，促进虾的生长，消除了水稻的争肥对象，而且虾的粪便和残饵还可以增加土壤有机质，为水稻提供了优质肥料，有利于水稻的生长。

小龙虾在田间栖息、游动、觅食，疏松了土壤，破碎了土表"着生藻类"和氮化层的封固，有效地改善了土壤通气条件，增加了稻田水中的溶解氧，又加速肥料的分解，促进了稻谷生长，从而达到稻虾双丰收的目的。同时小龙虾在水稻田中还有除草保肥作用和灭虫增肥作用。而种植的水稻又为小龙虾的活动、栖息、隐蔽提供了非常好的条件，有利于小龙虾的蜕壳生长。

稻田是一个综合生态体系，在水稻种植过程中，人们在稻田进行施肥、灌水等生产管理，但是稻田中许多营养却被与水稻共生的动、植物等所猎取，造成水肥的浪费；

在稻田生态体系中，放养进鱼、虾后，整个体系就发生了变化，因为鱼、虾几乎可以食掉在稻田中消耗养分的所有生物群落，起到生态体系的"截流"作用。这样便减少了稻田肥分的损失和敌害的侵蚀，促进水稻生长。稻田养虾是综合利用水稻、小龙虾的生态特点达到稻虾共生、相互利用目的，从而使稻虾双丰收的一种高效立体生态农业，是动植物生产有机结合的典范，是农村种养殖立体开发的有效途径，其经济效益是单作水稻的 1.5～3 倍（图 4-1）。

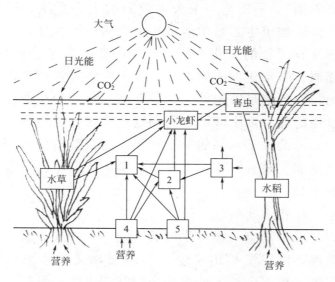

图 4-1　小龙虾进稻田各生物间的物质循环示意图

1—水生动物；2—浮游动物；3—浮游植物；4—细菌；5—有机碎屑

三、稻田生态养殖小龙虾的特点

1. 立体种养殖的模范

在同一块稻田中既能种稻也能养虾，把植物和动物、种植业和养殖业有机结合起来，更好地保持农田生态系统物质和能量的良性循环，实现稻虾双丰收，是目前在全国农村广为推广的一种立体种养殖的典范。

发展水稻、小龙虾生态养殖模式，具有养殖周期短、投资少、劳动强度低、养殖技术易掌握、生产上易管理等优点。该模式不仅有助于充分利用稻田的空间资源，挖掘农田的增产增效潜力，提高土地的利用率、产出率，而且也进一步拓展了水产养殖业的发展空间，节约了土地资源和承租虾塘、开挖虾塘的成本，对当前农村、农业产业结构的调整起到了很好的推动作用。

2. 环境特殊

稻田属于浅水环境，浅水期水深仅8厘米左右，深水时也不过25厘米左右，水温变化较大，因此为了保持水温的相对稳定，虾沟、虾溜等田间设施是必须要做的工程之一。稻田的另一个特点就是水中溶解氧充足，经常保持在4.5～5.5毫克/升，且水经常流动交换，放养密度又低，所以虾病较少。

3. 开辟了小龙虾养殖的新途径和新的养殖水域

稻田养殖小龙虾的模式为淡水养殖增加了新的水域，它不需要占用现有养殖水面就可以充分利用稻田的空间来达到增产增效的目的，开辟了养虾生产的新途径和新的养殖水域。

4. 保护生态环境

水稻、小龙虾生态养殖是一种增产增效、发展潜力巨大的新型农田种养结合的生态种养模式，不仅能有效地提高稻田的利用率和产出率、降低生产成本，还能起到除虫灭害作用，减少稻田农药和化肥的施用，降低稻田生产成本和减轻劳动强度，同时还能生产出无公害大米和小龙虾，对稳粮增产和改善环境起到了积极的作用。

在稻田养殖小龙虾的生产实践中发现，利用稻田养殖小龙虾后，稻田里及附近的摇蚊幼虫密度明显地降低，最多可下降 50％左右，成蚊密度下降 15％左右，有利于人们的健康。

5. 增加收入

稻田养殖小龙虾与单种水稻的对比实验结果表明，利用稻田养殖小龙虾后，经济效益十分显著，稻田的平均产量不但没有下降，还会提高 10％～20％左右，同时每亩地还能收获相当数量的成虾，相对地降低了农业成本，增加了农民的实际收入。特别是从养殖的第二年开始，养殖者可以不用再次投放小龙虾的虾苗和种虾了，依然能收获与上一年同样的产量，因此生产成本较低、收入较高。

四、养虾稻田的生态条件

为了夺取高产，获得稻虾双丰收，需要一定的生态条件作保证，根据稻田养虾的原理，我们认为养虾稻田的生态条件应具备以下几条：

1. 水温要适宜

稻田水浅，一般水温受气温影响甚大，有昼夜和季节变化，因此稻田里的水温比池塘的水温更易受环境的影响。小龙虾是变温动物，它的新陈代谢强度直接受到水温的影响，所以稻田水温将直接影响稻禾的生长和小龙虾的生长。为了获取稻虾双丰收，必须为它们提供合适的水温条件。

2. 光照要充足

光照不但是水稻和稻田中一些植物进行光合作用的能

量来源，也是小龙虾生长发育所必需的，因此，光照条件直接影响稻谷产量和小龙虾的产量。每年的 6～7 月份，秧苗很小，因此阳光可直接照射到田面上，促使稻田水温升高，浮游生物迅速繁殖，为小龙虾生长提供了饵料。水稻生长至中后期时，也是温度最高的季节，此时稻禾茂密，正好可以用来为小龙虾遮阳、蜕壳、躲藏，是有利于小龙虾的生长发育的。

3. 水源要充足

水稻在生长期间是离不开水的，而小龙虾的生长更是离不开水，为了保持新鲜的水质，水源的供应一定要及时充足。一是将养虾稻田选择在不能断流的小河、小溪旁；二是可以在稻田旁边人工挖掘机井，可随时充水；三是将稻田选择在池塘边，利用池塘水来保证水源。

如果水源不充足或得不到保障，那是万万不可养殖小龙虾的。

4. 溶氧要充分

稻田水中溶氧的来源主要是大气中的氧气溶入和水稻及一些浮游植物的光合作用，因而氧气是非常充分的。科研结果表明，水体中的溶氧越高，小龙虾摄食量就越多，生长也越快。因此长时间地维持稻田水体较高的溶氧量，可以增加小龙虾的产量。

要使养殖小龙虾的稻田能长时间保持较高的溶氧量，一是要适当加大养虾水体，主要是通过挖虾沟、虾溜和环沟来实现；二是尽可能地创造条件，保持微流水环境；三是经常换冲水；四是及时清除田中小龙虾未吃完的剩饵和其他生物尸体等有机物质，减少它们因腐败而导致水质的恶化。

5. 天然饵料要丰富

一般稻田由于水浅，温度高，光照充足，溶氧量高，适宜于水生植物生长，植物的有机碎屑又为底栖生物、水生昆虫和昆虫幼虫生长繁殖创造了条件，从而为稻田中的小龙虾提供较为丰富的天然饵料，有利于小龙虾的生长。

五、稻田生态养殖小龙虾的模式

稻田养殖小龙虾的模式目前在全球各地都广泛采用，在我国也是最主要的养殖方式。主要技术要点是稻田的选择、虾沟的开挖、虾沟内水草的栽种与护理、防逃设施的准备、水稻栽培技术、小龙虾科学放养、不同季节的水位调节、科学的投饵管理、正确的施肥和施药方法等方面。根据稻田与虾的养殖季节、养殖方式、混养鱼类、种稻季节等不同而细分为不同的养殖方式。

1. 美国的稻田养殖模式

1978 年美国国家研究委员会强调发展小龙虾的养殖，认为养殖小龙虾成本低，技术易于普及，小龙虾摄食池塘中的有机碎屑和水生植物，无需投喂特殊的饵料，而且小龙虾具有生长快、产量高等诸多优点。因此，小龙虾是美国非常重要的水产资源，美国农业专家对它的利用也做了不少的研究，先后探索了"水稻—小龙虾""水稻—小龙虾—大豆""水稻—小龙虾—鱼""水稻—小龙虾—牛"等混养轮作模式。最初的养殖方式是粗放养殖、混养，后来发展到各种形式的强化养殖。例如美国路易斯安那州利用稻田养殖小龙虾时，首先在田里种植水稻，等水稻成熟后放水淹没水稻，然后往稻田里投放小龙虾苗，小龙虾以被淹的水稻为生长的养料。

2. 欧洲的稻田养殖模式

欧洲在美国的基础上，进一步探索了"稻—小龙虾—沼虾—小龙虾"的轮作模式。他们在稻田养殖小龙虾的应用上，利用稻田种水稻，然后投放小龙虾，再利用小龙虾进洞抱卵繁殖之机开展沼虾的养殖，最后在秧苗定植前再放养一批小龙虾，这样就可以充分利用稻田的空间和闲置期，经济效益非常显著。

3. 澳大利亚的稻田养殖模式

澳大利亚也是盛产小龙虾的国家，他们在借鉴世界各地尤其是欧美的稻田养殖模式后，对这些模式进行充分归纳并加以提升，着重探索了利用稻田的生态环境进行小龙虾的强化人工养殖。

4. 我国稻田养殖小龙虾的模式

我国科研工作者将理论与生产实践相结合，根据生产的需要和各地的条件，先后开发并推广了一些卓有成效的养殖模式，主要有"稻—虾"的轮作、间作和兼作等多种模式。

六、我国稻田生态养殖小龙虾的类型

根据生产的需要和各地的经验，稻田养小龙虾的模式可以归纳为三种类型：

1. 稻虾兼作型

就是边种稻边养虾，稻虾两不误，力争双丰收。在兼作模式中有单季稻养虾和双季稻田中养虾两种。单季稻养虾，顾名思义就是在一季稻田中养小龙虾，这种养殖模式主要在江苏、四川、贵州、浙江和安徽等地利用。单季稻主要是中稻田，也有用早稻田养殖小龙虾的。在这些地方，有许多低洼田或冷浸田一年只种植一季中稻，9月份稻谷收割后，田地一直要空闲到第2年的6月初再栽种中稻。在冬闲季节和早春季节利用这些稻田养殖小龙虾或进行小龙虾的保种育种，经济效益是非常可观的。

双季稻养虾，顾名思义就是在同一稻田连种两季水稻，虾也在这两季稻田中连养，不需转养，双季稻就是用早稻和晚稻连种，这样可以有效利用一早一晚的光合作用，促进稻谷成熟，广东、广西、湖南、湖北等地利用双季稻田养小龙虾的较多。

无论是一季稻还是双季稻，它们有一点是相同的，就是在稻子收割后稻草最好还田，一方面可以为小龙虾提供隐蔽的场所，同时稻草本身可以作为小龙虾的饵料，在腐烂的过程中还可以培育出大量天然饵料。这种模式是利用稻田的浅水环境，同时种稻和养虾，不必给虾投喂饲料，让虾摄食稻田中的天然食物。此模式不影响水稻的产量，每亩可增产50千克左右的小龙虾。

2. 稻虾轮作型

也就是种一季水稻，然后接着养一茬小龙虾的模式，做到动植物轮流种养殖。稻田种早稻时不养小龙虾，在早稻收割后立即加高田埂养小龙虾而不种稻。这种模式在广东、广西等地推广较快，它的优点是利用本地光照时间长的优点，当早稻收割后，可以加深水位，人为形成一个个深浅适宜的"稻田型池塘"。这种模式养虾时间较长，小龙虾产量较高，经济效益非常好。

3. 稻虾间作型

这种方式利用较少，也主要是在华南地区采用，就是利用稻田栽秧前的间隙培育小龙虾，然后将小龙虾起捕出售，稻田单独用来栽晚稻或中稻。

第二节　稻田的田间工程建设

稻田养殖小龙虾的田间工程建设至关重要，田间工程主要包括稻田各养殖或种植区域的合理布局，虾沟（包括环沟和田间沟）的开挖，田埂加高、加宽与加固，有效的防逃设施建设等。

一、稻田的选择

养虾稻田要具备一定的环境条件，不是所有的稻田都能养虾，一般主要包括以下几方面：

1. 水源

水源要充足，水质良好，周围没有污染源的田块养殖小龙虾，要求田埂比较厚实，一般比稻田平面高出 0.5～1 米，埂面宽 2 米左右，并敲打结实，堵塞漏洞，以防止逃虾和提高蓄水能力。田面平整，稻田周围没有高大树木，桥涵闸站配套，通水、通电、通路。雨季水多不漫田、旱季水少不干涸，排灌方便，无有毒污水和低温冷浸水流入，农田水利工程设施要配套，有一定的灌排条件。

2. 土质

土质要肥沃，由于黏性土壤的保肥力强，保水力也强，渗漏力小，因此这种稻田是可以用来养虾的；而矿质土壤、盐碱土以及渗水漏水、土质瘠薄的稻田均不宜养小龙虾。

3. 面积

面积少则十几亩，多则几十亩、上百亩都可，面积大比面积小更好，但要方便看管和投喂。

二、稻田的布局

根据养殖稻田面积的大小进行合理布局，养殖面积略小的稻田，只须在稻田四周开挖环沟就可以了。水草要参差不齐、错落有致，以沉水植物为主，兼有漂浮植物。

如果养殖面积较大，要设立不同的功能区，通常在稻田四个角落设立漂浮植物暂养区，环沟部分种植沉水植物和部分挺水植物，田间沟部分则全部种植沉水植物。

三、开挖虾沟

这是科学养虾的重要技术措施，稻田因水位较浅，夏季高温对小龙虾的影响较大，因此必须在稻田田埂内侧四周开挖环沟和虾溜。在保证水稻不减产的前提下，应尽可能地扩大虾沟和虾溜面积，最大限度地满足小龙虾的生长需求。虾沟、虾溜的开挖面积一般不超过稻田的 8%，面积较大的稻田，还应开挖"田"字形或"川"字形或"井"字形的田间沟，但面积宜控制在 12% 左右。环沟距田埂 1.5 米左右，上口宽 3 米，下口宽 0.8 米；田间沟沟宽 1.5 米，深 0.5～0.8 米。虾沟既可防止水田干涸和作为烤稻田、施追肥、喷农药时小龙虾的退避处，也是夏季高温时小龙虾栖息、隐蔽、遮阳的场所。

虾沟的位置、形状、数量、大小应根据稻田的自然地形和稻田面积的大小来确定。一般来说，面积比较小的稻田，只须在田头四周开挖一条虾沟即可；面积比较大的稻田，可每间隔 50 米左右在稻田中央多开挖几条虾沟，当然周边沟较宽些，田中沟可以窄些。

四、加高加固田埂

为了保证养虾稻田达到一定的水位，防止田埂渗漏，增加小龙虾活动的立体空间，有利于小龙虾的养殖，提高产量，就必须加高、加宽、加固田埂，可将开挖环沟的泥土垒在田埂上并夯实，田埂加固时每加一层泥土都要进行夯实，确保田埂高达 1.0～1.2 米，宽 2 米，并打紧夯实，要求做到不裂、不漏、不垮，以防雷阵雨、暴风雨时田埂坍塌，也要防止在满水时崩塌跑虾。如果条件许可，可以在防逃网的内侧种植一些黑麦草、南瓜、黄豆等植物，既可以为周边沟遮阳，又可以利用其根系达到护坡的目的。

五、修建田中小埂

为了给小龙虾的生长提供更多的空间，经过实践认为，在田中央开挖虾沟的同时，要多修建几条田间小埂，这是为了给小龙虾提供更多的挖洞场所。

六、防逃设施要到位

从一些地方的经验来看，有许多自发性农户在稻田养殖小龙虾时并没有在田埂上建设专门的防逃设施，但产量并没有降低，所以有人认为在稻田中不需要防逃设施，这种观点是错误的。专家分析：一方面是因为在稻田中采取了稻草还田或稻桩较高的技术，为小龙虾提供了非常好的隐蔽场所和丰富的饵料；另一方面与放养数量有很大的关系，在密度和产量不高的情况下，小龙虾相互之间的竞争压力不大，没有必要逃跑；第三个方面就是大家都没有做防逃设施，小龙虾的逃跑呈放射性，最后是谁逮着算谁的产量，由于小龙虾跑进跑出的机会是相等的，所以各养殖户没有感觉到产量降低。因此，如果要进行高密度的养殖，要取得高产量和高效益，还是很有必要在田埂上建设防逃设施。

防逃设施有多种，常用的有两种，见第二章。

小龙虾喜欢戏水，还要防止它们从进出水口处逃逸，因此在修筑进出水口时，也有一定的讲究。进水渠道建在田埂上，排水口建在虾沟的最低处，按照高灌低排的格局，保证灌得进、排得出，定期对进、排水总渠进行整修。稻田开设的进排水口应用铁丝网或双层密网防逃，也可用栅栏围住，既可防止小龙虾在进水或者下大雨的时候顶水外逃，同时也能有效地防止蛙卵、野杂鱼卵及幼体进入稻田危害蜕壳虾；同时为了防止夏天雨季冲毁堤埂，稻田应开施一个溢水口，溢水口也用双层密网过滤，防止小龙虾趁机逃走。

为了检验防逃的可靠性，我们还建议在规模化养殖的连片养虾田的外侧修建一条田头沟或者防逃沟，可以在沟内长年用地笼捕捞小龙虾，因此它既是进水渠，又是检验防逃效果的一道屏障。

第三节　水稻栽培技术

稻田养殖小龙虾后，稻田的生态条件由原来单一的植物生长群体变成了动、植物共生的复合体。因此，水稻栽培技术也应有所改进。

一、水稻品种选择

由于各地自然条件不一，养虾稻田的水稻品种也不同。但是由于养虾稻田一般只种一季稻，因此要选择生长期较长、分蘖力强、叶片开张角度小、抗病虫害、茎秆粗硬、抗倒伏、耐淹、耐肥性强的紧穗型水稻品种，目前常用的品种有威优 64、威优 35、汕优系列、汕优 63、汕优 6、南优 6、武育粳系列、协优系列等杂交水稻或高产大穗常规稻。

二、施足基肥

每亩施用农家肥 200～300 千克、尿素 10～15 千克，均匀撒在田面并用机器翻耕耙匀。

三、秧苗移植

秧苗一般在 5 月中旬开始移植，具体在栽种时要掌握以下几点：

一是秧苗类型以长龄壮秧、多蘖大苗栽培为主。这样做的目的是在秧苗移栽后，可减少无效分蘖，提高分蘖成穗率，并可减少和缩短烤田次数和时间，改善田间小气候，减轻病虫害，从而达到稻、虾双丰收。

二是秧苗采用壮个体、小群体的栽培方法。即在水稻生长发育的全过程中，个体要壮，以提高分蘖成穗率，群体要适中。这样可避免水稻总茎蘖数过多，叶面系数过大，封行过早，光照不足，田中温度过高，病害过多等不利因素。

三是栽插方式以宽行窄距长方形东西行密植为宜，确保小龙虾生活环境通风透气性能好。这种条栽方式，稻丛行间透光好，光照强，日照时数多，湿度低，病虫害轻，能有效改善田间小气候。既为鱼类创造了良好的栖息与活动场所，也为水稻提供了优良的生长环境，有利于提高成穗率和千粒重。早稻株行间距以 23.3 厘米×8.3 厘米或 23.3 厘米×10 厘米为佳。晚稻如常规稻株行间距为 20 厘米×13.3 厘米，杂交稻株行间距为 20 厘米×16.5 厘米为佳。水稻栽插密度应根据水稻品种、苗情、地力、茬口等具体条件而定。例如，杂交稻中苗栽插，通常为 2.0 万穴左右，8 万~10 万基本苗；杂交稻大苗栽插，密度为 2.5 万~3 万穴，15 万~17 万基本苗；常规稻采用多蘖大苗栽插，密度为 3 万穴左右，18 万基本苗。地力肥、栽插早的稻田，密度还可以适当稀一些。稻田养虾开挖的虾溜、虾沟要占一定的栽插面积，为保证基本苗数，可采用行距不变，以适当缩小株距、增加穴数的方法来解决；并可在虾沟靠外侧的田埂四周增穴、增株，栽插成篱笆状，以充分发挥和利用边际优势，增加稻谷产量。

四是为了减少栽秧时对小龙虾的侵扰，我们建议移植方式可以采用抛秧法，同时要充分发挥宽行稀植和边坡优势的技术。

五是稻田在栽培前要以施有机肥料为主，化肥为辅。

第四节　小龙虾放养

一、放养前的准备工作

1. 清理工作要做好

放虾前 10~15 天，清理环沟和田间沟，除去浮土，修正垮塌的沟壁。

2. 及时杀灭敌害

可用鱼藤酮、茶粕、生石灰、漂白粉等药物，对环沟和田间沟进行彻底清沟消毒，杀灭蛙卵、鳝、鳅及其他水生敌害、寄生虫和致病菌等。

3. 培肥水体，调节水质

为了保证小龙虾有充足的活饵供取食，可在放种苗前7～10天，稻田中注水30～50厘米，在沟中每亩施放畜禽粪肥800～1000千克，常用的有干鸡粪、猪粪，并及时调节水质，确保养虾水质保持肥、活、嫩、爽、清的要求。

二、移栽水草

"虾多少，看水草"。水草是小龙虾隐蔽、栖息、蜕皮生长的理想场所，水草也能净化水质，降低水体的肥度，对提高水体透明度、促使水环境清新有重要作用。同时，在养殖过程中，有时可能会发生投喂饲料不足的情况，这时水草也可作为小龙虾的重要补充饲料来维持其生长。在实际养殖中，我们发现在虾沟内种植水草能有效提高小龙虾的成活率、养殖产量和产出优质商品虾。因此种植水草对于稻田养殖小龙虾是非常重要的，也是不可缺少的一个环节。

在稻田中移栽水草，一般可以分为两种情况：一种情况是在秧苗成活后移栽；还有一种情况就是稻谷收获后，人工移栽水草，供下一年小龙虾使用。

移植水草需注意：

一是要移植龙虾喜欢的水草。这包括两个概念：一个是小龙虾喜欢吃，把水草作为植物性食料；另一个是小龙虾喜欢这种水草所营造的环境，对于小龙虾不喜欢的水草最好不要移栽。

二是种植水草要有差异性，在环沟及田间沟内栽植聚草、苦草、水芋、慈姑、水花生、轮叶黑藻、金鱼藻、眼子菜等沉水性水生植物，在沟边种植空心菜，在水面上移养漂浮水生植物如芜萍、紫背浮萍、凤眼莲等。但要控制水草的面积，一般水草占环沟面积的 40%～50%，从而为放养的小龙虾创造一个良好的生态条件。

要提醒养殖户的是，虾沟或环沟内的水草以零星分布为好，不要过多地聚集在一起，这样有利于虾沟内水流畅通无阻塞（图 4-2）。

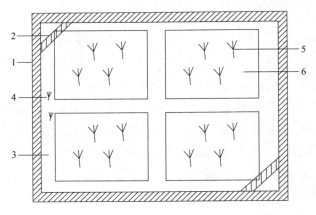

图 4-2　稻田养小龙虾示意图

1—田埂及防逃设施；2—田对角的漂浮植物；

3—田间沟及环沟；4—水草；5—水稻；6—田坎

三、放养时间

不论是当年虾种，还是抱卵的亲虾，放养应力争一个"早"字。早放既可延长虾在稻田中的生长期，又能充分利用稻田施肥后所培养的大量天然饵料资源。常规放养时间一般在每年 10 月份或来年的 3 月底。也可以采取随时捕捞、及时补充的放养方式。

一是在水稻收割后放养抱卵亲虾或大规格虾种，主要是为来年生产服务；二是在小秧栽插后放养经培育后的虾苗，主要是当年养成，部分可以为来年生产服务。有的养殖户将抱卵亲虾直接放入外围大沟内饲养越冬，待第二年秧苗返青后再引诱虾入稻田生长，这种方法效果很好。在 5 月份以后随时补放，以放养当年人工繁殖的稚虾为主。

四、亲虾的放养时间探讨

从理论上讲，只要稻田内有水，就可以放养亲虾，但从实际的生产情况对比来看，放养时间在每年的 8 月上旬到 9 月中旬的产量最高。经过认真分析和实践认为，原因一方面是这个时间段的温度比较高，稻田内的饵料生物比较丰富，为亲虾的繁殖和生长创造了非常好的条件；另一方面是亲虾刚完成交配，还没有抱卵，投放到稻田后刚好可以繁殖出大量的小虾，到第 2 年 5 月份就可以长成成虾。如果推迟到 9 月下旬以后放养，有一部分亲虾已经繁殖，在稻田中繁殖出来的虾苗数量相对就要少一些。另外一个很重要的方面是小龙虾的亲虾一般都是采用地笼捕捞的虾，9 月下旬以后小龙虾的运动量下降，用地笼捕捞的效果不是很好，购买亲虾的数量难以保证。因此，建议趁早购买亲虾，时间定在每年的 8 月初，最迟不能晚于 9 月 25 日，每亩放养规格为 25～30 尾/千克左右的虾种 15～20 千克，雌雄比例为 3：1。投放后可少量投喂，小龙虾除了可以自行摄食稻田中的有机碎屑、浮游动物、水生昆虫、周丛生物及水草等作为食物外，还要及时投喂少部分饲料。

　　由于亲虾放养与水稻移植有一定的时间差，因此暂养亲虾是必要的。目前常用的暂养方法有网箱暂养或田头土池暂养，由于网箱暂养时间不宜过长，否则会导致折断附肢且互相残杀现象严重，因此建议在田头开辟土池暂养，具体方法是亲虾放养前半个月，在稻田田头开挖一条面积占稻田面积 2%～5% 的土池，用于暂养亲虾。待秧苗移植 1 周且禾苗成活返青后，可将暂养池与土池挖通，并用微流水刺激，促进亲虾进入大田生长，通常称为稻田二级养虾法。利用此种方法可以有效地提高小龙虾成活率，也能促进小龙虾适应新的生态环境。

五、投放螺蛳

　　螺蛳是小龙虾很重要的动物性饵料，在放养前必须放好螺蛳。放养数量：一般保证虾沟内每亩放养 200～300 千克，其他的稻田部分每亩放养 100 千克，以后根据需要逐步添加。投放螺蛳一方面可以净化底质，另一方面可以补充动物性饵料，所以这两点对养殖小龙虾来说是至关重要的。

六、虾苗或种的要求

　　投放的虾苗或种的质量要求：一是体表光洁亮丽，肢体完整健全，无伤无病，体质健壮，生命力强；二是规格整齐，稚虾规格在 1 厘米以上，虾种规格在 3 厘米左右。同一池塘放养的虾苗虾种规格要一致，一次放足；三是虾苗虾种都应是人工培育的，如果是野生虾种，应经过一段时间驯养后再放养，以免相互争斗残杀。

在稻田放养虾苗，一般选择晴天早晨和傍晚或阴雨天进行，这时天气凉快，水温稳定，有利于放养的小龙虾适应新的环境。在放养前要进行缓苗处理，方法是将苗种在池水内浸泡 1 分钟，提起搁置 2～3 分钟，再浸泡 1 分钟，如此反复 2～3 次，让苗种体表和鳃腔吸足水分后再放养，以提高成活率。放养时，沿沟四周多点投放，使小龙虾苗种在沟内均匀分布，避免因过分集中，引起缺氧窒息致虾死亡。在放养小龙虾时，要注意幼虾的质量，同一田块放养规格要尽可能整齐，放养时一次放足。放养前用 3%～5% 食盐水浴洗 10 分钟，杀灭寄生虫和致病菌。另外很重要的一点就是小龙虾苗种在放养时要试水，试水确认安全后，才可投放幼虾。

七、虾苗放养密度

具体的放养小龙虾虾种密度还取决于稻田的环境条件、饵料来源、虾种来源和规格、水源条件、饲养管理技术等。总之，要根据当地实际，因地制宜，灵活机动地投放虾种。根据经验，如果是自己培育的幼虾，则要求放养规格在 2～3 厘米，每亩放养 14000～15000 尾。

第五节　加强科学管理

一、水位调节和底质调控

水位调节是稻田养虾过程中的重要一环，应以水稻为主，兼顾小龙虾的生长要求。小龙虾放养初期，田水宜浅，保持在 15 厘米左右，但因虾的不断长大和水稻的抽穗、扬花、灌浆均需大量水，所以可将田水逐渐加深到30～35厘米，以确保两者（虾和稻）需水量。在水稻有效分蘖期采取浅灌，保证水稻的正常生长；进入水稻无效分蘖期，水深可调节到30厘米，既增加小龙虾的活动空间，又促进水稻的增产。同时，还应注意观察田沟水质变化，一般每3～5天加注新水一次。盛夏季节有条件的都要经常适当换水，每1～2天加注一次新水，以保持田水清新，时间掌握在下午1～3时或下半夜这两个时间内比较适宜，有条件的地方应提供微流水养殖。

为了保证水源的质量，同时为了保证成片稻田养虾时不相互交叉感染，要求进水渠最好是专用的。

为了保持虾田溶氧量在5克/升以上，pH值7～8.5，要求每20天泼洒一次生石灰水，每次每亩用生石灰10千克。

底质调控也是非常重要的，主要措施有以下几条：适量投饵，减少剩余残饵沉底；定期使用底质改良剂（如投放过氧化钙、沸石等，投放光合细菌、活菌制剂）。

二、投饵管理

首先通过施足基肥的方法来培育大批枝角类、桡足类以及底栖生物供小龙虾摄食，同时在3月份还应放养一部分螺蛳，每亩稻田150～250千克，并移栽足够的水草，为小龙虾生长发育提供丰富的天然饲料。在人工饲料的投喂上，一般情况下，按动物性饲料40%、植物性饲料60%来配比。投喂时也要实行定时、定位、定量、定质的投饵技巧。早期每天分上、下午各投喂一次；后期在傍晚6点多投喂。投喂饵料品种多为小杂鱼、螺蛳肉、河蚌肉、蚯蚓、动物内脏、蚕蛹、配喂玉米、小麦、大麦粉。还可投喂适量植物性饲料，如水葫芦、水芜萍、水浮萍等。日投喂饲料量为虾体重的 3%～5%。平时要坚持勤检查虾的吃食情况，当天投喂的饵料在 2～3 小时内被吃完，说明投饵量不足，应适当增加投饵量。如在第二天还有剩余，则投饵量要适当减少。

三、科学施肥

养虾稻田一般以施基肥和腐熟的农家肥为主，促进水稻稳定生长，保持中期不脱力，后期不早衰，群体易控制。每亩可施农家肥 300 千克，尿素 20 千克，过磷酸钙 20～25 千克，硫酸钾 5 千克。放虾后一般不施追肥，以免降低田中水体溶解氧，影响小龙虾的正常生长。如果发现脱肥，可少量追施尿素来达到适时补施追肥的目的，每亩不超过 5 千克。

施肥的方法是：先排浅田水，让虾集中到虾沟中再施肥，有助于肥料迅速沉积于底泥中并为田泥和禾苗吸收，随即加深田水到正常深度；也可采取少量多次、分片撒肥或根外施肥的方法。禁用对小龙虾有害的化肥如氨水和碳酸氢铵等。如果追肥用经发酵过的有机粪肥，那就更好了，施肥量为每亩 15～20 千克。

四、科学施药

稻田养虾能有效地抑制杂草的生长，同时小龙虾能摄食昆虫，从而降低病虫害的发生概率，所以要尽量减少除草剂及农药的施用。小龙虾入田后，若再发生草荒，可人工拔除。如果确因稻田病害或虾病严重需要用药时，应掌握以下几个关键：①科学诊断，对症下药；②选择高效低毒低残留农药；③由于小龙虾是甲壳类动物，也是无血动物，对含磷药物、菊酯类药物、拟菊酯类药物特别敏感，因此慎用敌百虫、甲胺磷等药物，禁用敌杀死等药；④喷洒农药时，一般应加深田水，降低药物浓度，减少药害，也有的养殖户是先降低田水至虾沟以下水位时再用药，待8小时后立即上水至正常水位；⑤粉剂药物应在早晨露水未干时喷施，水剂和乳剂药应在下午喷洒；⑥降水速度要缓，等虾爬进虾沟后再施药；⑦可采取分片分批的用药方法，即先施稻田一半，过两天再施另一半，同时尽量要避免农药直接落入水中，保证小龙虾的安全。

五、科学晒田

水稻在生长发育过程中的需水情况是在变化的，养虾需水与水稻需水是主要矛盾。田间水量多，水层保持时间长，对虾的生长是有利的，但对水稻生长却不利。农谚对水稻用水进行了科学的总结，即"浅水栽秧、深水活棵、薄水分蘖、脱水晒田、复水长粗、厚水抽穗、湿润灌浆、干干湿湿"。因此，有经验的农民常常会采用晒田的方法来抑制无效分蘖，这时的水位很浅，这对养殖小龙虾是非常不利的，因此做好稻田的水位调控工作是非常有必要的，生产实践中我们总结一条经验，那就是"平时水沿堤，晒田水位低，沟溜起作用，晒田不伤虾"。晒田前，要清理虾沟、虾溜，严防虾沟里阻隔与淤塞。晒田总的要求是轻晒或短期晒，晒田时，沟内水深保持在低于秧田表面15厘米就可以了，确保田块中间不陷脚，田边表土不裂缝和发白，以见水稻浮根泛白为适度。晒好田后，及时恢复原水位。尽可能不要晒得太久，以免虾缺食太久影响生长。

六、病害预防

常见的敌害有水蛇、青蛙、蟾蜍、水蜈蚣、老鼠、黄鳝、泥鳅、鸟等，应及时采取有效措施驱逐或诱灭之，平时及时做好灭鼠工作，春夏季需经常清除田内蛙卵、蝌蚪等。水鸟和麻雀都喜欢啄食刚蜕壳后的软壳虾，因此一定要注意及时驱除。在放虾初期，稻株茎叶不茂，田间水面空隙较大，此时虾个体也较小，活动能力较弱，逃避敌害的能力较差，容易被敌害侵袭。同时，小龙虾每隔一段时间即蜕壳生长，在蜕壳或刚蜕壳时，最容易成为敌害的饵料。到了收获时期，由于田水排浅，虾有可能到处爬行，目标会更大，也易被鸟、兽捕食。对此，要加强田间管理，并及时驱捕敌害，有条件的可在田边设置一些彩条或稻草人，恐吓、驱赶水鸟。另外，当虾放养后，还要禁止家养鸭子下田沟，避免损失。

对病害的防治，在整个养殖过程中，始终坚持预防为主、治疗为辅的原则。在放苗前，稻田要进行严格的消毒处理，放养虾种时用5％食盐水浴洗5分钟，严防将病原体带入田内，采用生态防治方法，严格落实"以防为主、防重于治"的原则。每隔15天用生石灰10～15千克/亩溶水全虾沟泼洒，不但起到防病治病的目的，还有利于小龙虾的蜕壳。在夏季高温季节，每隔15天，在饵料中添加多维素、钙片等药物以增强小龙虾的免疫力。

七、加强其他管理

其他的日常管理工作必须做到勤巡田、勤检查、勤研究、勤记录等。

1. 看管工作要做好

做好人工看守工作，这主要是为了防盗防逃。

2. 加强蜕壳虾管理

一是放养密度合理，放养规格尽量一致，以免因密度过大而造成相互残杀。

二是每次蜕壳来临前，要投含有钙质和蜕壳素的配合饲料，促进小龙虾群体集中同步蜕壳。

三是蜕壳期间，需保持水位稳定，一般不需换水，虾田中始终保持有较多水生植物如水花生、水浮莲等作为蜕壳场所，并保持安静。

3. 建立巡田检查制度

勤做巡田工作，检查虾沟、虾溜，发现异常及时采取对策。早晨主要检查有无残饵，以便调整当天的投饵量，中午测定水温、pH 值、氨氮、亚硝酸氮等有害物，观察田水变化，傍晚或夜间主要是观察了解小龙虾活动及吃食情况。经常检查、维修、加固防逃设施，台风暴雨时应特别注意做好防逃工作，检查田埂是否塌漏，平水缺、拦虾设施是否牢固，防止逃虾和敌害进入。加强检查，做好防偷、防稻田被外来物质污染而缺氧、防漏水以及记载饲养管理日志等工作。

第六节 收获上市

一、稻谷收获和稻桩处理

稻谷收获一般采取收谷留桩的办法，然后将水位提高至 40～50 厘米，并适当施肥，促进稻桩返青，为小龙虾提供遮阴场所及天然饵料来源；有的由于收割时稻桩留得低了一些，水淹的时间长了一点，导致稻桩会腐烂，这就相当于人工施了农家肥，可以提高培育天然饵料的效果，但要注意不能长期让水质处于过肥状态，可适当通过换水来调节。

二、小龙虾收获

小龙虾生长速度较快，经 1～2 个月的人工饲养，成虾规格达 30 克以上时，即可捕捞上市。在生产上，采取捕大留小的措施，收获以夜间昏暗时为好，对上规格的虾要及时捕捞，可以降低稻田内虾的密度，有利于加速生长。

最有效的捕捞方式是用地笼张捕，地笼网是最常用的捕捞工具。每只地笼长约 10～20 米，分成 10～20 个方形的格子，每只格子间隔的地方两面带倒刺，笼子上方织有遮挡网，地笼的两头分别圈成圆形，方便起获，地笼网以有结网为好。

下午或傍晚把地笼放入田边浅水有水草的地方，里面放进腥味较浓的鱼块、鸡肠等作诱饵效果更好，网衣尾部露出水面，小龙虾出来寻食时，闻到腥味，寻味而至，钻进笼子并滑向笼子深处，成为笼中之虾。第二天早晨就可以从笼中倒出小龙虾，然后进行分级处理，大的按级别出售，小的继续饲养，这样一直可以持续上市到 10 月底。如果每次的捕捞量非常少，可停止捕捞。为了提高捕捞效果，每张笼子在连续张捕 5 天后，就要取出放在太阳下曝晒一两天，然后换个地方重新下笼，这样效果更好。

第五章 小龙虾的立体生态混养

我国华东、华南、西南莲藕田、茭白田、慈姑田星罗棋布，这些田块大多靠近湖泊、河道、沟渠，有的就是鱼塘改造而来的，水源充足，土质大多为黏壤土，有机质丰富，水质肥沃，水生动植物饵料丰盛，水较一般稻田深，溶氧高，适合小龙虾的生长。根据试验表明，小龙虾与莲藕、芡实、竹叶菜、马蹄、慈姑、水芹、茭白、菱角等水生经济植物进行科学混养，可以充分利用池塘中的水体、空间、肥力、溶氧、光照、热能和生物资源等自然条件，将种植业与养殖业结合在一起，可达到经济植物与小龙虾双丰收的目的，是将种植业与养殖业相结合、立体开发利用的又一种好形式，但要注意防范小龙虾对莲藕、芡实苗芽的损害。

第一节 莲藕池中立体生态混养小龙虾

一、立体生态混养优点

莲藕性喜向阳温暖环境，喜肥、喜水，适当温度亦能促进生长，在池塘中种植莲藕可以改良池塘底质和水质，为小龙虾提供良好的生态环境，有利于小龙虾健康生长。另外，莲藕本身需肥量大，增施有机肥可减轻藕身附着的红褐色锈斑，同时可使水产生大量浮游生物。

小龙虾是杂食性的，一方面它能够捕食水中的浮游生物和害虫，也需要人工喂食大量饵料，它排泄出的粪便大大提高了池塘的肥力，在虾、藕之间形成了互利关系，因而可以提高莲藕产量25%以上。

二、藕塘的准备

莲藕池养小龙虾，要求池塘光照好，水深适宜，水源充足，水质良好，水的pH值6.5～8.5，溶氧不低于4毫克/升，没有工业废水污染，注排水方便，土层较厚，保水保肥性强，洪水不淹没，干旱时不缺水。面积3～5亩，平均水深1.2米，东西向为好。

藕池在施肥后要整平，10天以后淤泥泥质变硬时就可以开挖围沟、虾坑，目的是在高温、藕池浅灌、追肥时为小龙虾提供藏身之地，便于投喂和观察其吃食、活动情况。围沟挖成"田"字形或"目"字形，沟宽50～60厘米，深30～40厘米，在围沟交叉处或藕田四周适当挖几个虾坑，坑深0.8～1米，开挖沟、坑时取出的泥土用来加高夯实池埂。

三、防逃设施

防逃设施简单，用硬质塑料薄膜埋入土中20厘米，土上露出50厘米即可。

四、种藕

1. 施肥

种藕前15～20天，每亩撒施发酵鸡粪等有机肥800～

1000 千克，耕翻耙平，然后每亩用 80～100 千克生石灰消毒。排藕后分两次追肥，第一次在藕莲生出 6～7 片荷叶正进入旺盛生长期时，第二次于结藕开始时，称为施催藕肥。一般第一次追肥多在排藕后 25 天左右，有 1～2 片立叶时亩施人粪尿 1000～1500 千克；第二次追肥多在栽藕后 40～50 天，芒种前后有 2～3 片立叶，并开始分枝时亩施人粪尿 1500～2000 千克；如二次追肥后生长仍不旺盛，半月后即在夏至前再追肥一次，夏至后停止追肥。施肥应选晴朗无风的天气，不可在烈日照射的中午进行。每次施肥前应放浅田水，让肥料吸入土中，然后再灌至原来的程度。追肥后泼浇清水冲洗荷叶，如肥不足，可每亩追硫酸铵 15 千克。

2. 选择优良种藕

种藕应选择优良品种，如慢藕、湖藕、鄂莲二号、鄂莲四号、海南洲、武莲二号、莲香一号等。种藕一般是临近栽植才挖起，要选择具有本品种的特性，最好是有 3～4 节以上，子藕、孙藕齐全的全藕，要求种藕粗壮、芽旺、无病虫害、无损伤。

3. 排藕技术

莲藕下塘时宜采取随挖、随选、随栽的方法，也可实行催芽后栽植。排藕时，行距 2～3 米，穴距 1.5～2 米，每穴排藕或子藕 2 枝，每亩需种藕 60～150 千克。

栽植时分平栽和斜栽，深度以种藕不浮漂和不动摇为度。藕头入土的深度 10～12 厘米。斜插时，把藕节翘起 20～30 度，以利吸收阳光，提高地温，提早发芽，要确保荷叶覆盖面积约占全池的 50%，不可过密。

4. 藕池水位调节

莲藕适宜的生长温度是 21～25℃，藕池的管理，主要通过放水深浅来调节温度。排藕 10 余天到萌芽期，水深保持在 8～10 厘米，以后随着分枝和立叶的旺盛生长，水深逐渐加深到 25 厘米，采收前 1 个月，水深再次降低到 8～10 厘米，水过深要及时排除。

五、小龙虾放养

在莲藕池中放养小龙虾，放养时间及放养技巧不同于常规养殖。一般在藕成活且长出第一片叶后放虾种，为了提高饲养商品率，建议投放体长 2 厘米左右的虾苗，每亩水面投放 2000 尾。虾种下塘前用 3% 食盐水浸泡 5～10 分钟，同时每亩搭配投放鲫鱼种 10 尾、鳙鱼种 20 尾，规格为每尾 20 克左右。不宜混养草食性鱼类（如草鱼、鲂鱼），以防吃掉藕芽、嫩叶等。

六、小龙虾投饵

虾种下塘后第 3 天开始投喂。选择虾坑作投饵点，每天投喂 2 次，分别为上午 7～8 时、下午 16～17 时，日投喂量为虾总体重的 3% 左右。具体投喂数量根据天气、水质、鱼吃食和活动情况灵活掌握。饲料为自制配合饲料，主要成分是豆粕、麦麸、玉米、血粉、鱼粉、饲料添加剂等，粗蛋白含量 34% 左右，饲料为浮性，粒径 2～5 毫米，将饲料定点投放在饲料台上。

七、巡视藕池

对藕池进行巡视是藕、虾生产过程中的基本工作之一，只有经过巡池才能及时发现问题，并根据具体情况及时采取相应措施，故每天必须坚持早、中、晚 3 次巡池。

巡池的主要内容：检查田埂有无洞穴或塌陷，一旦发现应及时堵塞或修整；检查水位，始终保持适当的水位；在投喂时注意观察虾的吃食情况，相应增加或减少投量；防治疾病，经常检查藕的叶片、叶柄是否正常，结合投喂、施肥观察虾的活动情况，及早发现疾病，对症下药；同时要加强防毒、防盗的管理，也要保证环境安静。

八、防病

小龙虾疾病目前发现较少，因此可不作重点预防和治疗。莲藕的虫害主要是蚜虫，可用 40％乐果乳油 1000～1500 倍液或 50％抗蚜威 200 倍液喷雾防治。病害主要是腐败病，应实行 2～3 年的轮作换茬，在发病初期可用 50％多菌灵可湿性粉剂 600 倍液加 75％百菌清可湿性粉剂 600 倍液喷洒防治。

第二节　小龙虾与芡实立体生态混养

芡实，俗称"鸡头米"，性喜温暖，不耐霜冻、干旱，一生不能离水，全生育期为 180～200 天，是滨湖圩内发展避洪农业的高产、优质、高效经济作物。它集药用、保健于一体，市场畅销，具有良好的发展潜力。

一、池塘准备

池塘要求光照好，池底平坦，池埂坚实，进排水方便，不渗漏，水源充足，水质清新，水底土壤以疏松、中等肥沃的黏泥为好，带沙性的溪流和酸性大的污染水塘不宜栽种。池塘底泥厚 30～40 厘米，面积 3～5 亩，平均水深 1.0 米。开挖好围沟、虾坑，目的是在高温、芡实池浅灌、追肥时为小龙虾提供藏身之地，便于投喂和观察其吃食、活动情况。

二、防逃设施

防逃设施简单，用硬质塑料薄膜埋入土中 20 厘米，土上露出 50 厘米即可。

三、施肥

在种芡实前 10～15 天，每亩撒施发酵鸡粪等有机肥 600～800 千克，耕翻耙平，然后每亩用 90～100 千克生石灰消毒。为促进植株健壮生长，可在 8 月盛花期追施磷酸二氢钾 3～4 次。施用方法可用带细孔的塑料薄膜小袋，内装 20 克左右速效性磷肥，施入泥下 10～15 厘米处，每次追肥变换位置。

四、芡实栽培

1. 种子播种

芡实要适时播种，春秋两季均可，尤以 9～10 月的秋季为好。播种时，选用新鲜饱满的种子撒在泥土稍干的塘内。若春雨多，池塘水满，在 3～4 月春播种子不易均匀撒播时，可用湿润的泥土提成小土团，每团渗入种子 3～4 粒，按瘦塘 130～170 厘米、肥塘 200 厘米的距离投入一个土团，种子随土团沉入水底，便可出苗生长。

2. 幼芽移栽

在往年种过芡实的地方，来年不用再播种。因其果实成熟后会自然裂开，有部分种子散落塘内，来年便可萌芽生长。当叶浮出水面，直径 15～20 厘米时便可移栽。栽时，连苗带泥取出，栽入池塘中，覆好泥土，使生长点露出泥面，根系自然舒展开，使叶子漂浮水面，以后随着苗的生长逐步加水。

3. 水位调节

主要通过调节池水深浅来调节温度。从芡实入池 10 余天到萌芽期，水深保持在 40 厘米；以后随着分枝的旺盛生长，水深逐渐加深到 120 厘米；采收前 1 个月，水深再次降低到 50 厘米。

五、小龙虾的放养与投饵

在芡实池中放养小龙虾，放养时间及放养技巧不同于常规养殖。一般在芡实成活且长出第一片叶后放虾种，为了提高饲养商品率，建议投放体长 2.5 厘米左右的小龙虾，每亩水面投放 1500 尾。虾种下塘前用 3％食盐水浸泡 5～10 分钟，同时每亩搭配投放鲫鱼种 10 尾、鳙鱼种 20 尾，规格为每尾 20 克左右。不宜混养草食性鱼类（如草鱼、鲂鱼），以防吃掉芡实苗及嫩叶等。

虾种下塘后第三天开始投喂，选择虾坑作投饵点，每天投喂 2 次，分别为上午 7～8 时、下午 16～17 时，日投喂量为虾总体重的 3％左右，具体投喂数量根据天气、水质、鱼吃食和活动情况灵活掌握。饲料为自制配合饲料，主要成分是豆粕、麦麸、玉米、血粉、鱼粉、饲料添加剂等，粗蛋白含量 30％，饲料为浮性，粒径 2～5 毫米，饲料定点投放在饲料台上。

六、注水

当芡实幼苗浮出水面后，要及时调节株行距，将过密的苗疏去，移到缺苗的地方。由于芡实的生长发育时期不同，对水分的要求也不同，故调节水量是田间管理的关键。要掌握"春浅、夏深、秋放、冬蓄"的原则。春季水浅，能受到阳光照射，可提高土温，利于幼苗生长；夏季水深，可促进叶柄伸长，6月初水位升至最高，达到1.2～1.5米；秋季适当放水，能促进果实成熟；冬季蓄水可使种子在水底安全度冬。值得注意的是，在不同时期进行注水时，一定要兼顾小龙虾的需水要求。

七、防病

防病主要是针对芡实而言的。芡实的主要病害是霜霉病，可用70％代森锌500倍液喷洒或代森铵粉剂喷撒。芡实的主要虫害是蚜虫，可用40％乐果1000倍液喷杀。

第三节　小龙虾与慈姑立体
生态混养

一、立体生态混养原理

慈姑又叫茨菇、剪刀草、燕尾草、茨菰，性喜温暖的水温，不耐霜冻和干旱，原产于我国东南地区，南方各省均有栽培，以珠江三角洲及太湖沿岸最多。慈姑株高80厘米左右，既是一种蔬菜，也是水生动物的一种好饲料。

它的种植时间和小龙虾的养殖时间几乎一致，在小龙虾的生长阶段可起到水草所有的作用。在许多慈姑种植地区已经开始把慈姑和小龙虾的混养作为当地主要的种养方式之一，二者在生态效益上是互惠互利的，取得了明显的效果。

二、慈姑栽培季节

慈姑在 14℃ 以上开始萌芽，15～16℃ 抽生叶片，23～26℃时抽生叶片速度快，叶片大。球茎形成期温度在 20℃ 以下，有利于形成硕大的球茎。14℃ 以下时，新叶停止抽生。8℃ 以下或遇霜时，植株地上部枯死；慈姑球茎形成期需要短日照、阳光充足方能促进球茎形成。根据慈姑的这些生物学特性，一般在 3 月育苗，苗期 40～50 天，6 月假植，8 月定植，定植适期为寒露至霜降，12 月至翌年 2 月采收。

三、慈姑品种的选择

生产中一般选用青紫皮或黄白皮等早熟、高产、质优的慈姑品种。主要有广东白肉慈姑，浙江海盐沈荡慈姑，江苏宝应刮老乌（又叫紫圆）和苏州黄（又叫白衣），广西桂林白慈姑、梧州慈姑等。

四、慈姑田的处理

慈姑田的大小以 5 亩为宜，水源要充足，排灌要方便，进排水要分开，进排水口可用 60 目的网布扎好，以防小龙虾逃逸以及外源性敌害生物侵入，宜选择耕作层 20～40 厘米，土壤软烂、疏松、肥沃，含有机质多的水田栽培。最好是长方形，以确保供小龙虾打洞的田埂更多。在田块周围按稻田养殖的方式开挖环沟和中央沟，沟宽1.5米，深75厘米，开挖的泥土除了用于加固池埂外，主要是放在离沟5米左右的田地中，做成一条条的小埂，小埂宽30厘米即可，长度不限。田内除了小埂外，其他部位要平整，方便慈姑的种植，溶氧要保持在5毫克/升。

五、培育壮苗

慈姑以球茎繁殖，各地都行育苗移栽。按利用球茎部位不同分为两种：一种是以球茎顶穿；另一种是整个球茎进行育苗。一般生产上都是利用整个球茎或球茎上的顶芽进行繁殖。无论采用哪种繁殖方法，都要选用成熟、肥大端正、具有本品种特性、粗短而弯曲的球茎作种。

3月中旬选择背风向阳的田块作育苗床，亩施腐熟厩肥1000千克作基肥，耙平，按东西向做成宽1米的高畦，浇水湿润床土。

取出留种球茎的顶芽，用窝席圈好，或放入箩筐内，上覆湿稻草，干时洒水，晴天置于阳光下取暖，保持温度在15℃以上，经12天左右出芽后，即可播种育苗。4月中旬播种育苗。选用球茎较大、顶芽粗细在0.5厘米以上的作种，将顶芽梢带球茎切下，栽于秧田，插播规格可取10厘米×10厘米，此时要将芽的1/3或1/2插入土中，以免秧苗浮起。插顶芽后水深保持2~4厘米，约10~15天后开始发芽生根。顶芽发芽生根后长成幼苗，在幼苗长出2~3片叶时，适当追施稀薄腐熟人粪尿或化肥1~2次，促使慈姑苗生长健壮整齐。40~50天后，具有3~4

片真叶、苗高 26～30 厘米时，就可移栽定植到大田了。每亩用顶芽 10 千克，可供 15 亩大田栽插之用。

六、定植

栽培地应选择在水质洁净、无污染源、排灌方便、富含有机质的黏壤土水田种植，深翻约 20 厘米，每亩施腐熟的有机肥 1500 千克，并配合草木灰 100 千克、过磷酸钙 25 千克为基肥，翻耕耙平，灌浅水后即可种植，按株行距 40 厘米×50 厘米、每亩 4000～5000 株的要求定植。栽植前，连根拔起秧苗，保留中心嫩叶 2～3 片，摘除外围叶片，仅留叶柄，以免种苗栽后头重脚轻，遇风雨吹打而浮于水面。栽时用手捏住顶芽基部，将秧苗根部插入土中约 10 厘米，使顶芽向上，深度以使顶芽刚刚稳入土中为宜，过深发育不良，过浅易受风吹摇动。填平根旁空隙，保持 3 厘米水深，同时田边栽植预备苗，以补缺。

七、肥水管理

养小龙虾的慈姑田生长期以保持浅水层 20 厘米为宜，既防干旱茎叶落黄，又要尽可能满足小龙虾的生长需求。水位调控以"浅—深—浅"为原则，前期苗小，应灌浅水 5 厘米左右；中期生长旺盛，应适当灌深水 30 厘米，并注意勤换清凉新鲜水，以降温防病；后期气温逐渐下降，葡萄茎又大量抽生，是结慈姑期，应维持田面 5 厘米浅水层，以利结慈姑。

慈姑以基肥为主，追肥为辅。追肥应根据植株生长情况而定，前期以氮肥为主，促进茎叶生长，后期增施磷、钾肥，利于球茎膨大。一般在定植后 10 天左右追第一次肥，亩施腐熟人粪尿 500 千克，或亩施尿素 7 千克，逐株离茎头 10 厘米旁边点施，或点施 45％三元复合肥，可生长更快。播植后 20 天结合中耕除草，在植后 40 天进行第二次追肥，亩施腐熟人粪尿 400 千克，或亩撒施尿素 10 千克、草木灰 100 千克，或花生麸 70 千克，以促株叶青绿、球茎膨大。第三次追肥在立冬至小雪前施下，称"壮尾肥"，促慈姑的快速结姑。每亩施腐熟人粪尿 400 千克，或尿素 8 千克、硫酸钾 16 千克撒施，或 45％三元复合肥 35 千克。第四次在霜降前施肥，每亩用尿粪 10 千克和硫酸钾 25 千克混匀施下，或施 45％三元复合肥 50 千克，这次追肥要快，不要拖延，太迟施会导致后期慢生，起不到作用。

八、除草、剥叶、圈根、压顶芽头

从慈姑栽植至霜降前要耘田、除杂草 2～3 次。在耘田除草时，要结合进行剥叶（即剥除植株外围的黄叶，只留中心绿叶 5～6 片），以改善通风透光条件，减少病虫害发生。

圈根是指在霜降前后 3 天，在距植株 6～9 厘米处，用刀或用手插于土中 10 厘米，转割一圈，把老根和匍匐茎割断。目的是使养分集中，促新葡萄茎生长，促球茎膨大，提高产量和质量。

如果慈姑种植过迟，不宜圈根，应用压顶芽头方式。压头是在 10 月下旬霜降前后进行，把伸出泥面的分株幼苗，用手斜压入泥中 10 厘米深处，以压制地上部生长，促地下部膨大成大球茎。

九、小龙虾放养前的准备工作

1. 清池消毒

方法与剂量见前文。

2. 防逃设施

为了防止小龙虾在下雨天或因其他原因逃逸，防逃设施是必不可少的。根据经验，只要在放虾前 2 天做好就行，材料多样，可以就地取材，不过最经济实用的还是用60 厘米的纱窗埋在埂上，入土 15 厘米，在纱窗上端缝一宽 30 厘米的硬质塑料薄膜就可以了。

3. 水草种植

在有慈姑的区域里不需要种植水草，但是在环沟里还是需要种植水草的，这些水草对于小龙虾度过盛夏高温季节是非常有帮助的。水草品种优选轮叶黑藻、马来眼子菜和光叶眼子菜，其次可选择苦草和伊乐藻，也可用水花生和空心菜，水草种植面积宜占整个环沟面积的 40% 左右。

4. 施肥培水

在小龙虾放养前 1 周左右，在虾沟内施用经腐熟的有机肥 200 千克/亩，用来培育浮游生物供虾取食。

十、虾苗放养

在慈姑田里放养小龙虾，建议虾农可以在 7 月底到 9 月初放养抱卵小龙虾。

十一、饲养管理

1. 饲料投喂

在养殖期间，小龙虾虽可以利用慈姑的老叶、浮游生物和部分水草，但还是要投喂饲料的，具体的投喂种类和投喂方法见前文。

2. 池水调节

放养抱卵亲虾的池塘，在入池后，任其打洞穴居，不要轻易改变水位，一切按慈姑的管理方式进行调节。为了促进小龙虾蜕壳生长和保持水质清新，必须定期注冲新水。第 2 年 4～5 月水位控制在 50 厘米左右，每 10 天注冲水一次，每次 10～20 厘米，6 月以后要经常换水或冲水，防止水质老化或恶化，pH 值在 6.8～8.4。

3. 生石灰泼洒

每半月可用生石灰化水泼洒一次，每次用量为 15 千克/亩，可以有效地促进小龙虾的蜕壳。

4. 加强日常管理

在小龙虾生长期间，每天坚持早晚各巡塘一次，主要是观察小龙虾的生长情况以及检查防逃设施的完备性，看看池埂有无被小龙虾打洞造成漏水的情况。

十二、病害防治

小龙虾的疾病很少，主要是预防敌害，包括水蛇、水老鼠、水鸟等。其次是发现疾病或水质恶化时，要及时处理。

慈姑的病害主要是黑粉病和斑纹病，发病初期，黑粉病用 25％粉锈宁兑水 1000 倍或 25％多菌灵兑水 500 倍交替防治；斑纹病用 50％代森锰锌兑水 500 倍或 70％甲基托布津兑水 800～1000 倍交替防治。虫害有蚜虫、蛀虫、稻飞虱等，但绝大部分都会成为小龙虾的优质动物性饵料，不需要特别防治。

第四节　小龙虾与茭白立体生态混养

一、池塘选择

水源充足、无污染、排污方便、保水力强、耕层深厚、肥力中上等、面积在1亩以上的池塘均可用于种植茭白养鱼。

二、虾坑修建

沿埂内四周开挖宽1.5～2.0米、深0.5～0.8米的环形虾坑，池塘较大的中间还要适当开挖中间沟，中间沟宽0.5～1米、深0.5米。环形虾坑和中间沟内投放用轮叶黑藻、眼子菜、苦草、萢草等沉水性植物制作的草堆，塘边角还用竹子固定浮植少量漂浮性植物，如水葫芦、浮萍等。虾坑开挖的时间为冬春茭白移栽结束后，总面积占池塘总面积的8%，每个虾坑面积最大不超过200米^2。可均匀地多开挖几个虾坑，开挖深度为1.2～1.5米，开挖位置选择在池塘中部或进水口处，虾坑的其中一边靠近池埂，以便于投喂和管理。开挖虾坑的目的是在施用化肥、农药时，让小龙虾集中在虾坑避害，在夏季水温较高时，小龙虾可在虾坑中避暑；方便定点在虾坑中投喂饲料，饲料投入虾坑中，也便于检查小龙虾的摄食、活动及虾病情况；虾坑亦可作防旱蓄水之用等。

三、防逃设施

防逃设施简单，用硬质塑料薄膜埋入土中20厘米，土上露出 50 厘米即可。在放养小龙虾前，要将池塘进排水口安装网拦设施。

四、施肥

每年的 2~3 月种茭白前施底肥，可用腐熟的猪、牛粪和绿肥 1500 千克/亩，钙镁磷肥 20 千克/亩，复合肥 30 千克/亩。将肥翻入土层内，耙平耙细，肥泥整合，即可移栽茭白苗。

五、茭白种植

1. 选好茭白种苗

在 9 月中旬至 10 月初，于秋茭采收时进行选种，以浙茭 2 号、浙茭 911、浙茭 991、大苗茭、软尾茭、中介壳、一点红、象牙茭、寒头茭、梭子茭、小腊茭、中腊台、两头早为主。选择植株健壮、高度中等、茎秆扁平、纯度高的优质茭株作为留种株。

2. 适时移栽茭白

用无性繁殖法种植茭白，长江流域于 4~5 月间选择那些生长整齐，茭白粗壮、洁白，分蘖多的植株作种株。用根茎分蘖苗切墩移栽，母墩萌芽高 33~40 厘米时，茭白有 3~4 片真叶。将茭墩挖起，用利刃顺分蘖处劈开成数小墩，每墩带匍匐茎和健壮分蘖芽 4~6 个，剪去叶片，保留叶鞘长 16~26 厘米，减少蒸发，以利提早成活，随挖、随分、随栽。株行距按栽植时期、分墩苗数和采收次数而定，双季茭采用大小行种植，大行行距 1 米，小行行距 80 厘米，穴距 50~65 厘米，每亩 1000~1200 穴，每穴 6~7 苗。栽植方式以 45 度角斜插为好，深度以根茎和分蘖基部入土，而分蘖苗芽稍露水面为度。定植 3～4 天后检查一次，栽植过深的苗，稍提高使之浅些，栽植过浅的苗宜再压下使之深些，并做好补苗工作，确保全苗。

六、放养小龙虾

在茭白苗移栽前 10 天，对虾坑进行消毒处理。新建的虾坑，一定要先用清水浸泡 7～10 天，再换新鲜的水继续浸泡 7 天后才能放虾。每亩可放养 2～3 厘米的小龙虾幼虾 0.5 万～1 万尾，应将幼虾投放在浅水及水葫芦浮植区。在虾种投放时，用3％～5％食盐水浸浴虾种 5 分钟，以防虾病的发生。同时每亩放鲢、鳙鱼各 50 尾，每天喂精料 1 次，每亩投料 1.0～2.5 千克。

七、科学管理

1. 水质管理

茭白池塘的水位根据茭白生长发育特性灵活掌握，以"浅—深—浅"为原则。萌芽前灌浅水 30 厘米，以提高土温，促进萌发；栽后促进成活，保持水深 50～80 厘米；分蘖前仍宜浅水 80 厘米，促进分蘖和发根；至分蘖后期，加深至 100～120 厘米，控制无效分蘖。7～8 月高温期宜保持水深 130～150 厘米，并做到经常换水降温，以减少病虫危害，雨季宜注意排水，在每次追肥前后几天，需放干或保持浅水，待肥吸收入土后再恢复到原来水位。每半个月投放一次水草，沿田边环沟和田间沟多点堆放。

2. 科学投喂

根据季节辅喂精料，如菜饼、豆渣、麦麸皮、米糠、蚯蚓、蝇蛆、鱼用颗粒料和其他水生动物等。可投喂自制混合饲料或者购买专用饲料，也可投喂一些动物性饲料，如螺蚌肉、鱼肉、蚯蚓或捞取的枝角类、桡足类、动物屠宰厂的下脚料等，沿田边四周浅水区定点多点投喂。投喂量一般为虾体重的5%～10%，采取"四定"投喂法，傍晚投料要占全日量的70%。每天投喂两次饲料，早8～9时投喂一次，傍晚18～19时投喂一次。

3. 科学施肥

茭白植株高大，需肥量大，应重施有机肥作基肥。基肥常用人畜粪、绿肥，追肥多用化肥，宜少量多次，可选用尿素、复合肥、钾肥等，禁用碳酸氢铵；有机肥应占总肥量的70%。基肥在茭白移植前深施；追肥应掌握"重、轻、重"的原则。具体施肥可分四个步骤：在栽植后10天左右，茭株已长出新根成活，施第一次追肥，每亩施人粪尿肥500千克，称为提苗肥；第二次在分蘖初期每亩施人粪尿肥1000千克，以促进生长和分蘖，称为分蘖肥；第三次追肥在分蘖盛期，如植株长势较弱，适当追施尿素，每亩5～10千克，称为调节肥，如植株长势旺盛，可免施追肥；第四次追肥在孕茭始期，每亩施腐熟粪肥1500～2000千克，称为催茭肥。

4. 茭白用药

应对症选用高效低毒、低残留、对混养的小龙虾没有影响的农药，如杀虫双、叶蝉散、乐果、敌百虫、井冈霉素、多菌灵等。禁用除草剂及毒性较大的呋喃丹、杀螟松、三唑磷、毒杀酚、波尔多液、五氯酚钠等，慎用稻瘟净、马拉硫磷。粉剂农药在露水未干前使用，水剂农药在露水干后喷洒。施药后及时换注新水，严禁在中午高温时喷药。

孕茭期有大螟、二化螟、长绿飞虱，应在害虫幼龄期，每亩用50%杀螟松乳油100克加水75～100千克泼浇，或用90%敌百虫和40%乐果1000倍液在剥除老叶后，逐棵用药灌心。立秋后发生蚜虫、叶蝉和蓟马，可用40%乐果乳剂1000倍、10%叶蝉散可湿性粉剂200～300克加水50～75千克喷洒，茭白锈病可用1∶800敌锈钠喷洒，效果良好。

八、收获

1. 茭白采收

茭白按采收季节可分为一熟茭和两熟茭。一熟茭，又称单季茭，在秋季日照变短后才能孕茭，每年只在秋季采收一次。春种的一熟茭栽培早，每墩苗数多，采收期也早，一般在8月下旬至9月下旬采收。夏种的一熟茭一般在9月下旬开始采收，11月下旬采收结束。茭白成熟采收标准是，随着基部老叶逐渐枯黄，心叶逐渐缩短，叶色转淡，假茎中部逐渐膨大和变扁，叶鞘被挤向左右，当假茎露出1～2厘米的洁白茭肉时，称为"露白"，为采收最适宜时期。夏茭孕茭时，气温较高，假茎膨大速度较快，从开始孕茭至可以采收，一般需7～10天；秋茭孕茭时，气温较低，假茎膨大速度较慢，从开始孕茭至可以采收，一般需要14～18天。但是不同品种孕茭至采收期所经历的时间有差异。茭白一般采取分批采收，每隔3～4天采收一次，每次采收都要将老叶剥掉。采收茭白后，应该用手把墩内的烂泥培上植株茎部，既可促进分蘖和生长，又可使茭白幼嫩而洁白。

2. 小龙虾收获

5月开始可用地笼、虾笼对小龙虾捕捞收获，将地笼固定放置在茭白塘中，每天早晨将进入地笼的小龙虾收取上市。直至6月底可放干茭白塘的水，彻底收获。有条件的可实行小龙虾的两季饲养。

第五节 小龙虾、菱角、河蚌立体生态混养

菱角又叫菱、水栗等，一年生浮叶水生草本植物，菱肉含淀粉、蛋白质、脂肪，嫩果可生食，老熟果含淀粉多，可熟食或加工制成菱粉。收菱后，菱盘还可当作饲料或肥料。

一、菱塘的选择和建设

菱塘应选择在地势低洼、水源条件好、灌排方便的地方。一般以5～10亩的菱塘为宜，水深不超过150厘米。宜选择风浪不大、底土松软肥沃的河湾、湖荡、沟渠、池塘种植。

二、菱角的品种选择

菱角的品种较多，有四角菱、两角菱、无角菱等，从外皮的颜色上又分为青菱、红菱、淡红菱3种。四角菱类有馄饨菱、小白菱、水红菱、沙角菱、大青菱、邵伯菱等；两角菱类有扒菱、蝙蝠菱、五月菱、七月菱等；无角菱仅有南湖菱一种。最好选用果型大、肉质鲜嫩的水红菱、南湖菱、大青菱等作为种植品种。

三、菱角栽培

1. 直播栽培菱角

在 2 米以内的浅水中种菱，多用直播。一般在水温稳定在 12℃以上时播种，例如长江流域宜在清明前后 7 天内播种，而京、津地区可在谷雨前后播种。播前先催芽，芽长不要超过 1.5 厘米。播时先清池，清除野菱、水草、青苔等。播种方式以条播为宜，条播时，根据菱池地形，划成纵行，行距 2.6～3 米，每亩用种量 20～25 千克。

2. 育苗移栽菱角

在水深 3～5 米的地方，直播出苗比较困难，即使出苗，苗也纤细瘦弱，产量不高，此时可采取育苗移栽的方法。一般可选用向阳、水位浅、土质肥、排灌方便的池塘作为苗地，实施条播。育苗时，将种菱放在 5～6 厘米浅水池中利用阳光保温催芽，5～7 天换一次水。发芽后移至繁殖田，等茎叶长满后再进行幼苗定植，每 8～10 株菱盘为一束，用草绳结扎，用长柄铁叉叉住菱束绳头，栽植于水底泥土中，栽植密度按株行距 1 米×2 米或 1.3 米×1.3 米定穴，每穴种 3～4 株苗。

四、小龙虾的放养

在菱塘里放养小龙虾，方法与茭白塘放养小龙虾基本上是一致的。在菱塘苗移栽前 10 天，对池塘进行消毒处理。在虾种投放时，用 3％～5％食盐水浸浴虾种 5 分钟，以防虾病的发生。同时配养 15 厘米鲢、鳙鱼或 7～10 厘米的鲫鱼 30 尾。

五、河蚌的投放

在这种生态混养模式中同时放养河蚌。河蚌既可以带来丰厚的收益，还能净化水质，清洁水体，对小龙虾的生长是有很大好处的。另外，河蚌在繁育期可以提供充足的幼蚌供小龙虾取食。

一般根据不同的目的而有不同的投放模式，如果是为了吊挂珍珠，可投放褶纹冠蚌或三角帆蚌或日本池蝶蚌，密度要稀一点，亩投放 1000 只；如果是为了在春节前后为市场供应菜蚌或是为小龙虾提供动物性饵料，则宜投放已经发育的亲蚌或大一点的种蚌，每亩可投放 300～400 千克。

六、菱角塘的日常管理

在菱角和小龙虾的生长过程中，菱塘管理要着重抓好以下几点：

1. 建菱垄

等直播的菱苗出水后，或菱苗移栽后，就要立即建菱垄，以防风浪冲击和杂草漂入菱群。方法是在菱塘外围，打下木桩，木桩长度依据水深浅而定，通常要求入土30～60 厘米，出水 1 米。木桩之间围捆草绳，绳直径 1.5 厘米，绳上系水花生，每隔 33 厘米系一段。

2. 除杂草

要及时清除菱塘中的槐叶萍、水鳖草、水绵、野菱等，由于菱角对除草剂敏感，必要时应进行手工除草。

3. 水质管理

移栽前对水域进行清理，清除杂草水苔，捕捞草食性鱼类。为提高产品质量，灌溉水一定要清洁无污染。生长过程中水层不宜大起大落，否则影响分枝成苗率。移栽后到 6 月底，保持菱塘水深 20～30 厘米，增温促蘗，每隔 15 天换一次水。7 月份后随着气温升高，菱塘水深逐步增加到 45～50 厘米。在盛夏可将水逐渐加深到 1.5 米，最深不超过 2 米。采收时，为方便操作，水深降到 35 厘米左右。从 7 月份开始，要求每隔 7 天换水一次，确保菱塘水质清洁。在红菱开花至幼果期，更要注意水质。

4. 施肥

栽后 15 天菱苗已基本活棵，每亩撒施 5 千克尿素提苗，1 个月后猛施促花肥，每亩施磷酸二铵 10 千克，促早开花，争取前期产量。初花期可进行叶面喷施磷、钾肥，方法是在 50 千克水中加 0.5～1 千克过磷酸钙和草木灰，浸泡一夜，取其澄清液，每隔 7 天喷一次，共喷 2～3 次。以上午 8～9 时、下午 16～17 时喷肥为宜。等全田 90％以上的菱盘结有 3～4 个果角时，再施入三元复合肥 15 千克，称为结果肥。以后每采摘一次即施入复合肥 10 千克左右，连施三次，以防早衰。

5. 病虫害防治

菱角的虫害主要有菱叶甲、菱金花虫等，特别是初夏雾雨天后虫害增多，一般农药防治用 80％杀虫单 400 倍液、18％杀虫双 500 倍液；如发现蚜虫用 10％吡虫啉 2000 倍液进行喷杀。

菱角的病害主要有菱瘟、白烂病等，在闷热湿度大时易发生。防治方法：一是采用农业防治，就是勤换水，保持水质清洁；二是在初发时，应及时摘除、晒干、烧毁或

深埋病叶；三是化学防治，发病后用 50％甲基托布津
1000 倍液喷雾或 50％多菌灵 600～800 倍液喷雾，从始花
期开始，每隔 7 天喷药一次，连喷 2～3 次。

6. 加强投喂

根据季节辅喂精料，如菜饼、豆渣、麦麸皮、米糠、
蚯蚓、蝇蛆、颗粒料和其他水生动物等。可投喂自制混合
饲料或者购买鱼饲料，定时定量进行投喂。投喂量一般为
小龙虾体重的 5％～10％，采取"四定"投喂法，傍晚投
料要占全日量的 70％。对于河蚌是不需要另外投喂饵料
的，它可以通过滤水的方式来捕食水体中的浮游生物，满
足生长发育的需求。

七、收获

1. 菱角采收

菱角采收，自处暑、白露开始，到霜降为止，每隔
5～7 天采 1 次，共采收 6～7 次。采菱时，要做到"三
轻"和"三防"。"三轻"是指提盘要轻，摘菱轻，放盘
轻。"三防"是指一防猛拉菱盘，植株受伤，老菱落水；
二防采菱速度不一，老菱漏采，被船挤落水中；三防老嫩
一起抓。总之，要老嫩分清，将老菱采摘干净。

2. 小龙虾的捕捉

可以采用地笼捕捉小龙虾，具体方法见前文。

3. 河蚌的收获

可直接将河蚌从池塘里取出。如果是用网养的，直接
取出网袋就可以了；如果是采用吊养的，将吊绳取出就可
以了；如果是直接散养在池塘里的，则可以采用脚踩、手
摸、干塘捕捞等方式来收获。

第六节　小龙虾与水芹立体
生态混养

一、立体生态混养原理

　　水芹是一种蔬菜，同时也是水生动物的良好饲料。它的种植时间和小龙虾的养殖时间明显错开，能利用空间和时间的优势，在生态效益上也是互惠互利的。在许多水芹种植地区已经开始把它们作为主要的轮作方式之一，取得了明显的效果。

　　水芹是冷水性植物，其种植时间一般是在每年的 8 月开始育苗，9 月开始定植；也可以一步到位，直接放在池塘中种植即可。11 月底开始向市场供应水芹，直到翌年的 3 月初结束，3～8 月这段时间基本上是处于空闲状态，而这时正是小龙虾养殖和上市的高峰期，两者混养，可以将池塘全年综合利用，经济效益明显，是一种很有推广前途的种养相结合的生产模式。

二、田地改造

　　水芹田的大小以 5 亩为宜，最好是长方形，以确保供小龙虾打洞的田埂更多。在田块周围按稻田养殖的方式开挖环沟和中央沟，沟宽 1.5 米，深 75 厘米。开挖的泥土除了用于加固池埂外，主要是放在离沟 5 米左右的田地中，做成一条条的小埂，小埂宽 30 厘米即可，长度不限。

　　水源要充足，排灌要方便，进排水要分开，进排水口可用 60 目的网布扎好，以防小龙虾从水口逃逸以及外源性敌害生物侵入。田内除了小埂外，其他部位要平整，方便水芹的种植，溶氧要保持在5毫克/升。

为了防止小龙虾在下雨天或因其他原因逃逸，防逃设施是必不可少的。在放虾前2天做好就行，材料多样，可以就地取材，不过最经济实用的还是用60厘米的纱窗埋在埂上，入土15厘米，在纱窗上端缝一宽30厘米的硬质塑料薄膜。

三、清池消毒

清池前将田间沟内的水排至仅剩10～20厘米。可用生石灰、茶籽饼、鱼藤精或漂白粉进行消毒，将它们化水后均匀洒于池面、洞穴中。

四、培养饵料生物

为解决小龙虾、青虾和鱼的部分生物饵料，促其快速生长，清池后进水50厘米，施肥繁殖饵料生物。无机肥在1个月内每隔5天施一次，具体视水色情况而定；有机肥每亩施鸡粪200千克，使池水呈黄绿色或浅褐色，透明度30～50厘米为宜。

五、水草种植

配备良好的水域生态环境，是确保生态养殖成效的关键。在有水芹的区域里不需要种植水草，但是在环沟里还是需要种植水草的。这些水草对于小龙虾度过盛夏高温季节是非常有帮助的。水草品种多种多样，优选伊乐藻、马来眼子菜和光叶眼子菜，其次可选择苦草和轮叶黑藻，也可用水花生和空心菜，水草种植面积宜占整个环沟面积的

40%左右。另外，进入夏季后，如果池塘中心的水芹还存在或有较明显的根茎，就不需要补充草源，如果水芹已经全部取完，必须在4月前及时移栽水草，确保小龙虾的养殖成功。

六、虾苗放养

在水芹田里轮作小龙虾，放养小龙虾是有讲究的，由于8月底到9月初是水芹的生长季节，而此时也正是小龙虾亲虾放养的极好时机。经过试验发现，田里放入小龙虾亲虾后，它们会在一夜间快速打洞，并钻入洞穴中抱卵孵幼，并不出来危害水芹幼苗，偶尔出洞的也只是极少数小龙虾，而这些抱卵小龙虾是保证来年产量的基础，因此建议虾农可以在9月中旬放养抱卵小龙虾。

如果有的虾农不放心，害怕小龙虾会出来夹断水芹的根部，导致水芹减产，那么可以选择另一种放养模式，就是在第二年的3月底，每亩放养规格为500尾/千克的幼虾35千克。放养时选择晴天的上午10时左右为宜，放养前经过试水和调温，确保温差在2℃以内。

另外，每亩可套养800～1200只/千克青虾苗3～4千克，5～6月陆续起捕上市，可亩产青虾10千克。每亩搭配投放鲫鱼种8尾、鳙鱼种10尾，规格为每尾20克左右。

鱼种、虾种下塘前用3%食盐水浸泡5～10分钟，或在20毫克/升漂白粉中洗浴20分钟后再入池饲养。

七、水质调控

1. 池水调节

放养抱卵亲虾的池塘，在入池后，任其打洞穴居，不要轻易改变水位，一切按水芹的管理方式进行调节。放养幼虾的池塘，4～5月水位控制在50厘米左右，透明度在20厘米就可以了，6月以后要经常换水或冲水，防止水质老化或恶化，保持透明度35厘米左右，pH值6.8～8.4。

2. 注冲新水

为了促进小龙虾蜕壳生长和保持水质清新，定期注冲新水是一个非常好的举措，也是必不可少的技术方法。从9月到翌年3月基本上不用单独为小龙虾换冲水，只要进行正常的水芹管理就可以了；从4月开始直到5月底，每10天注冲水一次，每次10～20厘米；6月至8月中旬每7天注冲水一次，每次10厘米。

3. 生石灰泼洒

从3月底到7月中旬，每半月可用生石灰化水泼洒一次，每次用量为15千克/亩，可以有效地增加水中钙离子，满足小龙虾蜕壳需要，使水质保持"肥、活、爽"。

八、饵料投喂

在水芹田里，套养小龙虾、青虾和鱼时，饵料的投喂要区别对待。对于那些春季留下未售的水芹菜叶、菜茎、菜根和部分水草，小龙虾还是比较爱吃的，这时投喂少量的饵料即可；如果没有菜叶、菜茎时，就必须人为投喂饵料了。一般是以投喂小龙虾的饵料为主，掌握"四看、四定"的原则，确定投饵量，生长旺季投饵量可占小龙虾体重的5%～8%，其他季节投饵量为3%～5%。每天投饵量要根据当天水温和前一天摄食情况酌情增减，定点投喂在岸边和浅水区，投喂时间定在每天傍晚时分。

由于青虾摄食能力比小龙虾弱，可以吃小龙虾剩余饵料，清扫残饵，一方面防止败坏水质，另一方面可有效地利用饵料，不需要另外单独投喂饵料。混养的鱼可以不必考虑单独投喂，它们可以水体中的浮游生物和底栖生物为饵。

九、日常管理

1. 加强巡池

在小龙虾生长期间，每天坚持早晚各巡塘一次，主要是观察小龙虾的生长情况以及检查防逃设施的完备性，看看池埂有无被小龙虾打洞造成漏水情况。

2. 做好疾病防治工作

主要是预防敌害，包括水蛇、水老鼠、水鸟等。发现疾病或水质恶化时，要及时处理。在养殖期间，从6月份开始，每月用0.3毫克/升强氯精全池泼洒一次。

十、小龙虾捕捞

小龙虾的捕捞采取捕大留小、天天张捕的措施，从4月份开始坚持每天用地笼在环沟内张捕，8月份在栽水芹前排干池水，用手捉捕。对于那些已经入洞穴居的小龙虾，不要挖洞，任其在洞穴内生活。

十一、水芹的种植与管理

1. 适时整地

在8月中旬时，小龙虾基本起捕完毕，可用旋耕机在池塘中央进行旋耕，周边不动，保持底部平整即可。

2. 适量施肥

亩施入腐熟的粪肥 1000 千克，为水芹的生长提供充足的肥源。

3. 水芹的催芽

一般在 7 月底就可以进行了，为了不影响小龙虾最后阶段的生产，可以放在另外的地方催芽，催芽温度 27～28℃。

4. 排种

经过 15 天左右的催芽处理，芽已经长到 2 厘米时就可以排种了，排种时间在 8 月下旬为宜。为了防止刚入水的小嫩芽被太阳晒死，建议排种的具体时间应选择在阴天或晴天的 16 时以后进行。排种时将母茎基部朝外，芽头朝上，间隔 5 厘米排一束，然后轻轻地用泥巴压住茎部。

5. 水位管理

在排种初期的水位管理尤为重要，这是因为一方面此时气温和水温较高，可能对小嫩芽造成灼伤；另一方面，为了促进嫩芽尽快生根，池底基本上是不需要水的，所以此时一定要加强管理，在可能的情况下保证水位在 5～10 厘米。待生根后，可慢慢加水至 50～60 厘米。初冬后，要及时增加水位至 1.2 米。

6. 肥料管理

在水位渐渐上升到 40 厘米后，可以适时追肥，一般亩施腐熟粪肥 200 千克，也可以施农用复合肥 10 千克，以后做到看苗情施肥，每次施尿素 3～5 千克/亩。

7. 定苗除草

当水芹长到株高 10 厘米时，根据实际情况要及时定苗、匀苗、补苗或间苗，定苗密度为株距 5 厘米比较合适。

8. 病害防治

水芹的病害要比小龙虾的病害严重得多，主要有斑枯病、飞虱、蚜虫及各种飞蛾等，可根据不同的情况采用不同的措施来防治病虫害。例如对于蚜虫，可以在短时间内将池塘的水位提升，使植株顶部全部淹没在水中，然后用长长的竹竿将漂浮在水面的蚜虫及杂草驱出排水口。

9. 及时采收

水芹的采收很简单，就是用人工在水中将水芹连根拔起，然后清除污泥，剔除根须和黄叶及老叶，整理好后，捆扎上市。要强调的是，在离环沟 50 厘米处的水芹带不要收割，作为养殖淡水小龙虾的防护草墙，也可作为来年小龙虾的栖息场所和食料补充。如果有可能的话，在塘中间的水芹也可以适当留一些，不要全部拔光，那些水芹的根须最好留在池内。

第七节　林间建渠生态养殖小龙虾

现在国家对森林建设非常重视，一些已经占用当年林地的田块要求被陆续退耕还林。可以利用这些退耕还林的空闲地带，略加改造，辅以一定设施，设计成浅水渠养殖小龙虾，每亩产量可达 100 千克左右，获纯利 1200 元左右。

这是一种互惠互利的种养殖方式，既不影响树木的生长，又能充分利用土地资源，方法简单，易于操作，便于管理。

一、开挖浅水渠

根据地形地势，灵活掌握，在树林行间开挖一条长若干米的沟渠，底宽 1.5 米、深 1 米，要确保沟离两边的树至少有 50 厘米的安全距离。在渠底铺设一层厚质塑料薄膜，主要目的是用来保水保肥，既防止沟渠内的水流出，又要防止沟里的水浸死树木。然后在薄膜上还土 15 厘米厚，要求土质以硬质砂土为佳，加高加固水渠的围堤，夯实堤岸，以防漏水。浅水渠挖成后，每亩施发酵的猪粪或大粪 250 千克培肥水质。

二、浅水沟渠的处理

在浅水渠内要人为创造适宜小龙虾生长的生态环境。每隔 2 米做一个刚刚露出水面约 1.5 米² 的浅包，在浅包四周可用直径为 5 厘米的小圆棒做一些大小不同的洞穴，供虾隐藏。渠内及浅滩上要移植苦草、轮叶黑藻、菹草、莲藕、茭白等沉水植物，同时还要移植少部分水葫芦、浮萍等。水草要占渠面积的 50%，水草和浅滩可供小龙虾栖息、掘洞、爬行，渠内也可放置一些树枝、树根、破网片等。

三、防逃设施

可用宽 60 厘米的聚乙烯网片，沿渠边利用树木做桩把水渠围起来，然后用加厚的塑料薄膜缝在网片上即可。

四、小龙虾投放

小龙虾最好是投放亲虾，亩放亲虾 25 千克就可以了。也可以放养 3 厘米长的幼虾，投放量为每平方米水面 25只，在投放前要用 5% 盐水洗浴 5 分钟，然后放入浅水区，任其自由爬行。放虾苗时动作要轻快，切不可直接倒入深水区。苗种的投放时间一般在晴天的早晨或傍晚。

五、投喂饵料

小龙虾的投喂工作和前文基本相同，这里不再赘述。只是投喂时最好定点，通常沿渠边的浅水区，呈带状投喂，或每隔 1 米设一个投饵点进行投喂。

六、调节水质

如果有条件的话，最好使林间的浅水沟渠保持常年流水。每 15～20 天换一次水，每次换水 1/3。每半月左右泼洒一次生石灰化浆水，每次每亩用生石灰 10 千克，调节水质，有利于小龙虾蜕壳。适时适量追施发酵的有机粪肥，供水草生长和培养饵料生物，也可以达到调节水质的目的。另外，尽可能地保持浅水渠中的水位相对稳定，这是因为水位不稳定时虾掘洞较深，破坏渠埂。

第八节　草荡生态养殖小龙虾

在渔业生产上，把利用芦荡、草滩、低洼地养殖小龙虾的做法统称为草荡养虾。草荡养虾类型多种多样，有的专门养殖小龙虾，有的进行鱼、虾混养，虾、蚌混养，有的进行鱼、虾、鳖、蚌综合养殖。

一、草荡生态养殖小龙虾的优势

草荡的生态条件虽较为复杂，但它具有养殖小龙虾的一些优点：一是草荡多分布在江河中下游和湖泊水库，附近水源充足，面积较大，可采用自然增殖和人工养殖相结合，减少人为投入；二是草荡中多生长着芦苇等杂草，这些杂草一方面可以为小龙虾的生长、蜕壳提供很好的场所，同时也可以为小龙虾诱集丰富的天然活饵料；三是水温较高，水较浅，水体易交换，溶氧足；四是底栖生物较多，有利于螺、蚬、贝等小龙虾喜爱的饵料生物生长。

二、草荡的选择

并不是所有的草荡都适宜养殖小龙虾，在生产实践中，一定要选择交通方便、水源充沛、水质无污染、便于排灌、沉水植物较多、底栖生物及小鱼虾饵料资源丰富、有堤或便于筑堤、能避洪涝和干旱的地方。

三、草荡的改造

1. 选好适宜养殖小龙虾的地址

将要养虾的草荡选择好，在四周挖沟围堤，沟宽 3～5 米，深 0.5～0.8 米。

2. 做好养殖前的基础建设

在荡区开挖"井"字形、"田"字形虾沟，宽 1.5～2.5 米，深 0.4～0.6 米。

3. 多设供小龙虾打洞的地方

可以在草荡中央挖些小塘坑与虾沟连通，每坑面积 200 米^2。用虾沟、塘坑挖出的土筑成小埂，埂宽 50 厘米即可，长度不限。

4. 栽种水草

对草荡区内无草地带还要栽些伊乐藻等沉水植物，保证原有的和新栽的草覆盖荡面 45％左右。

5. 建设进排水系统

要建好进排水系统，对大的草荡还要建控制闸和排水涵洞，以控制水位。

6. 建好防逃设施

采用麻布网片或尼龙网片或有机纱窗和硬质塑料薄膜共同防逃，用高 50 厘米的有机纱窗围在池埂四周，用质量好的直径为 4～5 毫米的聚乙烯绳作为上纲，缝在网布的上缘，缝制时纲绳必须拉紧，针线从纲绳中穿过。然后选取长度为 1.5～1.8 米的木桩或毛竹，削掉毛刺，打入泥土中的一端削成锥形，或锯成斜口，沿池埂将桩打入土中 50～60 厘米，桩间距 3 米左右，并使桩与桩之间呈直线排列，池塘拐角处呈圆弧形。将网的上纲固定在木桩上，使网高保持不低于 40 厘米，然后在网上部距顶端 10 厘米处再缝上一条宽 25 厘米的硬质塑料薄膜即可，针距以小虾逃不出为准，针线拉紧，防止小龙虾逃跑和老鼠、蛇等敌害生物入侵。

四、清除敌害

草荡中敌害较多，如凶猛鱼类、青蛙、蟾蜍、水老鼠、水蛇等。在虾种刚放入和蜕壳时，抵抗力很弱，极易受害，要及时清除敌害。进、排水管口要用金属或聚乙烯密眼网包扎，防止敌害生物的卵、幼体、成体进入草荡。在虾种放养前 15 天，选择风平浪静的天气，采用电捕、地笼和网捕除野。用几台功率较大的电捕鱼器并排前行，来回几次，清捕野杂鱼及肉食性鱼类。药物清塘一般采用漂白粉，每亩用量 7.5 千克，沿荡区中心泼洒。

要经常捕捉敌害鱼类、青蛙、蟾蜍。对鼠类可在专门的粘贴板上放诱饵进行捕捉。

五、虾种放养

一是放养 3 厘米的幼虾，亩放 0.5 万尾，时间在春季 4 月。

二是在秋季 8～9 月放养抱卵虾，亩放 25 千克左右。可放养 3～4 厘米规格鲢、鳙鱼夏花 500～1000 尾。

六、饲养管理

1. 饵料投喂

草荡面积较大的以粗养或鱼、虾混养为主，其饵料也以天然饵料为主，适当投喂些精料和山芋丝；草荡面积较小的则以人工投喂饵料为主。投喂要求做到"四定"，即：定时，每天投饵两次，大约在上午 9 时和下午 4 时；定质，投喂的饵料新鲜、无霉变，投喂的品种主要有豆饼、配合饲料、浮萍、野杂鱼、螺蚬等；定位，在虾沟边每隔 20 米搭饵料台一个；定量，每日投饵量根据天气、水温和上一次的吃食情况而定。

2. 水质管理

草荡养虾要注意草多腐烂造成的水质恶化，每年秋季较为严重，应及时除掉烂草，并注新水，水体溶氧要在 5 毫克/升以上，透明度要达到 35～50 厘米。注新水应在早晨进行，不能在晚上，以防小龙虾逃逸。注水次数和注水量依草荡面积、小龙虾的活动情况和季节、气候、水质变化情况而定。为有利于小龙虾蜕壳和保持蜕壳的坚硬和色泽，在小龙虾大批蜕壳前用生石灰全荡泼洒，用量为每亩 20 千克。

3. 防逃虾

虾种刚放入荡时不适应新的环境、夏季汛期发水时均易逃逸。要经常检查防逃设施有无破损，如有应及时维修加固。

4. 蜕壳期管理

在小龙虾蜕壳期保持环境稳定，增投动物性饵料。水草不足时适时增设水草草把，以利小龙虾附着蜕壳。

七、成虾捕捞

草荡捕虾工具一般有虾箔、单层刺网、地笼等。进入5~9月份，可用地笼等渔具长期捕捞上市，实施轮捕轮放；也可在灌水沟内注水形成水流起捕；最后排干草荡里的水捕获。

第六章　水草与栽培

第一节　水草的作用

　　水草的多少，对小龙虾的养殖成败非常关键。这是因为水草为小龙虾的生长发育提供极为有利的生态环境，提高苗种成活率和捕捞率，降低了生产成本，对小龙虾养殖起着重要的增产增效的作用。据对养殖户的调查表明，池塘种植水草的小龙虾产量比没有水草的池塘的小龙虾产量增产30%左右，亩效益增加30～65元，因此种草养虾显得尤为重要。水草在小龙虾养殖中的作用具体表现在以下几点：

一、模拟生态环境

　　小龙虾的自然生态环境离不开水草，"虾大小，看水草"，说的就是水草的多寡直接影响小龙虾的生长速度和肥满程度。在池塘中种植水草可以模拟和营造生态环境，使小龙虾产生"家"的感觉，有利于小龙虾快速适应环境和快速生长。

二、提供丰富的天然饵料

　　水草营养丰富，富含蛋白质、粗纤维、脂肪、矿物质和维生素等小龙虾需要的营养物质。池中的水草为小龙虾生长提供了大量的天然优质的植物性饵料，弥补人工饲料不足，降低了生产成本。水草中含有大量活性物质，小龙虾经常食用水草，能够促进胃肠功能的健康。小龙虾喜食的水草还具有鲜、嫩、脆的特点，便于取食，具有很强的适口性。同时，水草多的地方，各种水生小动物、昆虫、小鱼、小虾、软体动物螺、蚌及底栖生物等也随之增加，为小龙虾觅食生长提供了丰富的动物性饵料源。

三、净化水质

小龙虾喜欢在水草丰富、水质清新的环境中生活，水草通过光合作用，能有效地吸收池塘中的二氧化碳、硫化氢和其他无机盐类，降低水中氨氮，起到增加溶氧、净化和改善水质的作用，使水质保持新鲜、清爽，有利于小龙虾快速生长，为小龙虾提供生长发育的适宜生活环境。另外，水草对水体的 pH 值也有一定的稳定调节作用。

四、隐蔽藏身

小龙虾蜕壳时，喜欢在水位较浅、水体安静的地方进行，在池塘中种植水草，形成水底森林，正好能符合小龙虾这一生长特性，因此它们常常攀附在水草上，丰富的水草形成了一个水下森林，既为小龙虾提供安静的环境，又有利于小龙虾缩短蜕壳时间，减少体能消耗，提高成活率。同时，小龙虾蜕壳后成为"软壳虾"，此时缺乏抵御能力，极易遭受敌害侵袭，水草可起隐蔽作用，使其不易被老鼠、水蛇等敌害发现，减少敌害侵袭而造成的损失。

五、提供攀附

小龙虾有攀爬习性，尤其是阴雨天，只要在池塘中仔细观察，可见到水体中的水葫芦、水花生等的根茎部爬满了小龙虾，将头露出水面进行呼吸，因此水体中的水草为小龙虾提供了呼吸攀附物。另外，水草还可以供小龙虾蜕壳时攀援附着、固定身体，缩短蜕壳时间，减少体力消耗。

六、调节水温

养虾池中最适应小龙虾生长的水温是 20～30℃，当水温低于20℃或高于30℃时，都会使小龙虾的活动量减少，摄食欲望下降。如果水温进一步变化，小龙虾多数会进入洞穴中穴居，影响它的快速生长。在池中种植水草，冬天可以防风避寒，炎热夏季可为小龙虾提供凉爽安定的隐蔽、遮阳、歇凉的生长空间，能遮住阳光直射，可以控制池塘水温的急剧升高，使小龙虾在高温季节也可正常摄食、蜕壳、生长，对提高小龙虾成品的规格起重要作用。

七、提高成活率

水草可以扩展立体空间，有利于疏散小龙虾密度，防止和减少局部小龙虾密度过大而发生格斗和残食现象，避免不必要的伤亡。另外，水草易使水体保持水质清新，增加水体透明度，稳定 pH 值使水体保持中性偏碱，有利于小龙虾的蜕壳生长，提高小龙虾的成活率。

八、提高品质

小龙虾平时在水草上攀爬摄食，虾体易受阳光照射，有利于钙质的吸引沉积，促进蜕壳生长。小龙虾常在水草上活动，能避免它长时间在洞穴中栖居，使小龙虾的体色更光亮，更洁净，更有市场竞争力。

九、有效防逃

在水草较多的地方，常常聚集大量的小龙虾喜食的鱼、虾、贝、藻等鲜活饵料，使它们产生安全舒适的家的感觉，一般很少逃逸。因此虾池种植丰富优质的水草，是防止小龙虾逃跑的有效措施。

第二节　种草技术

一、种草环境

养殖小龙虾的水域包括池塘、低洼田以及大水面的湖汊，要求水草分布均匀，种类搭配适当，沉水性、浮水性、挺水性水草要合理。水草种植面积最大不超过 2/3，其中沉水处种植沉水植物及一部分浮叶植物，浅水区种植挺水植物。

二、品种选择与搭配

（1）根据小龙虾对水草利用的优越性，确定移植水草的种类和数量，一般以沉水植物和挺水植物为主，浮叶和漂浮植物为辅。

（2）根据小龙虾的食性移植水草，可多栽培一些小龙虾喜食的苦草、轮叶黑藻、金鱼藻，其他品种水草适当少移植，起到调节互补作用，这对改善池塘水质、增加水中溶氧、提高水体透明度有很好的作用。

（3）一般情况下，养殖小龙虾不论采取哪种养殖类型，池塘中水草覆盖率都应该保持在50%左右，水草品种在两种以上。

三、种植类型

1. 池塘或稻田型

可选择伊乐藻、苦草、轮叶黑藻；三者的栽种比例是伊乐藻早期覆盖率应控制在20%左右，苦草覆盖率应控制在20%～30%，轮叶黑藻的覆盖率控制在40%～50%。三者的栽种次序为伊乐藻—苦草—轮叶黑藻。三者的作用：伊乐藻为早期过渡性和食用水草，苦草为食用和隐藏性水草，轮叶黑藻则作为池塘或稻田养殖类型的主要水草。注意伊乐藻要在冬春季播种，高温期到来时，将伊乐藻草头割去，仅留根部以上10厘米左右；苦草种子要分期分批播种，错开生长期，防止遭小龙虾一次性破坏；轮叶黑藻可以长期供应。

2. 河道或湖泊型

在这种类型中以金鱼藻或轮叶黑藻为主，苦草、伊乐藻为辅。金鱼藻或轮叶黑藻种植在浅水与深水交汇处，水草覆盖率控制在40%～50%；苦草种植在浅水处，覆盖率控制在10%左右；伊乐藻覆盖率控制在20%左右。不论哪种水草，都以不出水面，不影响风浪为好。

四、栽培技术

1. 栽插法

适用于带茎水草，这种方法一般在小龙虾放养之前进行。首先浅灌池水，将伊乐藻、轮叶黑藻、金鱼藻、笈笈草、水花生等带茎水草切成小段，长度约 20～25 厘米；然后像插秧一样，均匀地插入池底。在生产中摸索到一个小技巧，可以简化处理，先用刀将带茎水草切成需要的长度，然后均匀地撒在塘中，塘里保留 5 厘米左右的水位，用脚或用带叉的棍子用力踩或插入泥中即可。

2. 抛入法

适用于浮叶植物，先将塘里的水位降至合适的位置，然后将莲、菱、荇菜、莼菜、芡实、苦草等的根部取出，露出叶芽，用软泥包紧根后直接抛入池中，使其根茎能生长在底泥中，叶能漂浮水面即可。

3. 播种法

适用于种子发达的水草，目前最为常用的就是苦草了。播种时水位控制在 15 厘米，先将苦草籽用水浸泡一天，将细小的种子搓出来，然后加入 10 倍的细沙壤土，与种子拌匀后直接撒播。为了使种子能均匀地撒开，沙壤土要保持略干为好。每亩水面用苦草种子 30～50 克。

4. 移栽法

适用于挺水植物，先将池塘降水至适宜水位，将蒲草、芦苇、茭白、慈姑等连根挖起，最好带上部分原池中的泥土。移栽前要去掉伤叶及纤细劣质的秧苗，移栽位置可在池边的浅滩处或者池中的小高地上，要求秧苗根部入水 10～20 厘米。进水后，整个植株不能长期浸泡在水中，密度为每亩 45 棵左右。

5. 培育法

适用于浮叶植物，这类植物主要有瓢莎、青萍、浮萍、水葫芦等。它们的根比较纤细。在池中用竹竿、草绳等隔一角落，也可以用草框将浮叶植物围在一起，进行培育。

五、栽培小技巧

一是水草在虾池中的分布要均匀，不宜一片多一片少。

二是水草种类不能单一，最好使挺水性、漂浮性及沉水性水草合理分布，保持相应的比例，以适应小龙虾的需求。沉水植物为小龙虾提供栖息场所，漂浮植物为小龙虾提供饵料，挺水植物主要起护坡作用。

三是无论何种水草都要保证不能覆盖整个池面，至少留有 1/3 池面作为小龙虾自由活动的空间。

四是栽种水草主要在虾种放养前进行，如果需要也可在养殖过程中随时补栽。要注意的是判断池中是否需要栽种水草，应根据具体情况来确定。

第三节　水草的种类与种植技巧

水生植物的种类很多，分布较广。在养虾池中，适合小龙虾需要的种类主要有苦草、轮叶黑藻、金鱼藻、水花生、浮萍、伊乐藻、眼子菜、青萍、槐叶萍、满江红、簀藻、水车前、空心菜等。下面简要介绍几种常用水草的特性与种植技巧。

一、伊乐藻

1. 伊乐藻的优点

伊乐藻是从日本引进的一种水草，原产于美洲，是一种优质，速生、高产的沉水植物。伊乐藻的优点是发芽早，长势快。它的叶片较小，不耐高温，只要水面无冰即可栽培，水温5℃以上即可萌发，10℃即开始生长，15℃时生长速度快，当水温达30℃以上时，生长明显减弱，藻叶发黄，部分植株顶端会发生枯萎。在寒冷的冬季能以营养体越冬，在早期其他水草还没有长起来的时候，只有它能够为小龙虾生长、栖息、蜕壳和避敌提供理想场所。伊乐藻植株鲜嫩，叶片柔软，适口性好，其营养价值明显高于苦草、轮叶黑藻，是小龙虾喜食的优质饲料，非常适应小龙虾的生长，小龙虾在水草上部游动时，身体非常干净。在长江流域通常以4～5月和10～11月生物量达最高。

2. 伊乐藻的缺点

伊乐藻的缺点是不耐高温，而且生长旺盛。当水温达到30℃时，基本停止生长，也容易臭水，因此这种水草的覆盖率应控制在20%以内，养殖户可以把它作为过渡性水草进行种植。

3. 伊乐藻的种植和管理

（1）栽前准备

① 池塘清整　排水干池，每亩用生石灰150～200千克化水趁热全池泼洒，清野除杂，并让池底充分冻晒半个月，同时做好池塘的修复整理工作。

② 注水施肥　栽培前5～7天，注水30厘米左右深，

进水口用 60 目筛绢进行过滤，每亩施腐熟粪肥 300～500 千克，既作为栽培伊乐藻的基肥，又可培肥水质。

（2）栽培时间　根据伊乐藻的生理特征以及生产实践的需要，建议栽培时间宜在 11 月至次年 1 月中旬，气温 5℃以上即可生长。如冬季栽插时先抽干池水，让池底充分冻晒一段时间，再用生石灰、茶籽饼等药物消毒后进行栽培。如果是在春季栽插，应事先将小龙虾用网圈养在池塘一角，等水草长至 15 厘米时再放开，否则栽插成活后的嫩芽能被小龙虾吃掉，或被小龙虾的巨螯掐断，甚至连根拔起。

（3）栽培方法

① 沉栽法　每亩用 15～25 千克伊乐藻种株，将种株切成 20～25 厘米长的段，每 4～5 段为一束，在每束种株的基部粘上有一定黏度的软泥团，撒播于池中。泥团可以带动种株下沉着底，并能很快扎根在泥中。

② 插栽法　一般在冬春季进行，每亩的用量与处理方法同上，把切段后的草茎放在生根剂的稀释液中浸泡一下，然后像插秧一样插栽，一束束地插入有淤泥的池中。栽培时数量宜少，但距离要拉大，株行距为 1 米×1.5 米。插入泥中 3～5 厘米，泥上留 15～20 厘米，栽插初期保持水位以插入的草茎刚好没头为宜，待水草长满后逐步提高水位。种植时要留 2～3 米的空白带，使小龙虾池形成"十"字形或"井"字形无草区，作为日后小龙虾的活动空间，便于鱼、虾活动，避免水草布满全池，影响水流。

③ 踩栽法　伊乐藻生命力较强，在池塘中种株着泥即可成活。每亩的用量与处理方法同上，把它们均匀撒在

塘中，水位保持在 5 厘米左右，然后用脚轻轻踩一踩，让它们粘着泥就可以了，10 天后加水。

（4）管理

① 水位调节　伊乐藻宜栽种在水位较浅处，栽种后 10 天就能生出新根和嫩芽，3 月底就能形成优势种群。平时可按照逐渐增加水位的方法加深池水，至盛夏水位加至最深。一般情况下，可按照"春浅，夏满、秋适中"的原则调节水位。

② 投施肥料　在施好基肥的前提下，还应根据池塘的肥力情况适量追施肥料，以保持伊乐藻的生长优势。

③ 控温　伊乐藻耐寒不耐热，高温天气会断根死亡，后期必须控制水温，以免伊乐藻死亡导致大面积水体污染。

④ 控高　伊乐藻有一个特性就是当它一旦露出水面后，会折断而导致死亡，败坏水质，因此不要让它疯长。方法是在 5～6 月份不要加水太高，应慢慢地控制在 60～70 厘米；当 7 月份水温达到 30℃，伊乐藻不再生长时再加水位到 120 厘米。

二、苦草

在小龙虾池中种植苦草有利于观察饵料摄食，监控水质。苦草是目前我国池塘养小龙虾的最主要的水草资源之一。

1. 苦草的特性

苦草又称为扁担草、面条草，是典型的沉水植物。高 40～80 厘米，地下根茎横生。茎方形，被柔毛。叶纸质，卵形，对生，叶片长 3～7 厘米，宽 2～4 厘米，先端短尖，基部钝锯齿。苦草喜温暖，耐荫蔽，对土壤要求不严，野生植株多生长在林下山坡、溪旁和沟边。含较多营养成分，具有很强的水质净化能力。在我国广泛分布于河流、湖泊等水域，分布区水深一般不超过 2 米，在透明度大、淤泥深厚、水流缓慢的水域，苦草生长良好。3～4 月份，水温升至 15℃ 以上时，苦草的球茎或种子开始萌芽生长；在水温 18～22℃ 时，经 4～5 天发芽，约 15 天出苗率可达 98% 以上。苦草在水底分布蔓延的速度很快，通常 1 株苦草 1 年可形成 1～3 米² 的群丛。6～7 月份是苦草分蘖生长的旺盛期，9 月底至 10 月初达最大生物量，10 月中旬以后分蘖逐渐停止，进入衰老期。

2. 苦草的优缺点

苦草的优点是小龙虾喜食、耐高温、不臭水；缺点是容易遭到破坏，特别是高温期给小龙虾喂食改口季节，如果不注意保护，遭破坏十分严重。有些以苦草为主的养殖水体，在高温期不到一个星期苦草就会全部被小龙虾夹光，养殖户捞草都来不及。捞草不及时的水体，甚至会出现水质恶化，有的水体发臭，出现"臭绿莎"，继而引发小龙虾大量死亡。

3. 苦草的栽培与管理

(1) 栽种前准备

① 池塘清整　排水干池，每亩用生石灰 150～200 千克化水趁热全池泼洒，清野除杂，并使池底充分冻晒半个月，同时做好池塘的修复整理工作。

② 注水施肥　栽培前 5～7 天，注水 30 厘米左右深，进水口用 60 目筛绢进行过滤，每亩施草皮泥、人畜粪尿与磷肥混合至 1000～1500 千克作基肥，和土壤充分拌匀

待播种，既可作为栽培苦草的基肥，又可培肥水质。

③ 草种选择　选用的苦草种应籽粒饱满、光泽度好，呈黑色或黑褐色，长度 2 毫米以上，最大直径不小于 0.3 毫米，以天然野生苦草的种子为好，可提高子一代的分蘖能力。

④ 浸种　选择晴朗天气晒种 1～2 天，播种前，用池塘清水浸种 12 小时。

(2) 栽种时间　有冬季种植和春季种植两种。冬季播种时常常用干播法，应利用池塘晒塘的时机，将苦草种子撒于池底，并用耙子耙匀；春季种植时常常用湿播法，用潮湿的泥团包裹草籽扔在池塘底部即可。

(3) 栽种方法

① 播种　播种期在 4 月底至 5 月上旬，当水温回升至 15℃以上时播种，用种量 15～30 克/亩。精养塘直接种在田面上，播种前向池中加新水 3～5 厘米深，最深不超过 20 厘米。大水面应种在浅滩处，水深不超过 1 米，以确保苦草能进行充分的光合作用。选择晴天晒种 1～2 天，然后浸种 12 小时，捞出后搓出果实内的种子。清洗掉种子上的黏液，将种子与半干半湿的细土或细沙（按 1∶10）混合撒播、条播或间播均可。下种后薄盖一层草皮泥，并盖草，淋水保湿以利于种子发芽。搓揉后的果实其中还有很多种子未搓出，也撒入池中。在正常温度下（18℃以上），播种后 10～15 天即可发芽。幼苗出土后可揭去覆盖物。

② 插条　选苦草的茎枝顶梢，具 2～3 节，长约 10～15 厘米部分作插穗。在 3～4 月或 7～8 月按株行距 20 厘米×20 厘米斜插。一般约 1 周即可长根，成活率达

80%～90%。

③ 移栽　当苗具有两对真叶，高 7～10 厘米时移植最好。定植株行距 25 厘米×30 厘米或 26 厘米×33 厘米。定植地每亩施基肥 2500 千克，用草皮泥、人畜粪尿、钙镁磷混合混料最好。还可以采用水稻"抛秧法"将苦草秧抛在养虾水域。

（4）管理

① 水位控制　种植苦草时前期水位不宜太高，太高了由于水压的作用，会使草籽漂浮起来而不能发芽生根。苦草在水底蔓延的速度很快。为促进苦草分蘖，抑制叶片营养生长，6 月中旬以前，池塘水位控制在 20 厘米以下，6 月下旬水位加至 30 厘米左右，此时苦草已基本满塘，7 月中旬水深加至 60～80 厘米，8 月初可加至 100～120 厘米。

② 设置暂养围网　这种方法适合在大水面中使用。将苦草种植区用围网拦起，待水草在池底的覆盖率达到 60%以上时，拆除围网。

③ 密度控制　如果水草过密，要及时去头处理，以达到搅动水体、控制长势、减少缺氧的作用。

④ 肥度控制　分期追肥 4～5 次，生长前期每亩可施稀粪尿水 500～800 千克，后期可施氮磷钾复合肥或尿素。

⑤ 加强饲料投喂　当正常水温达到 10℃ 以上时就要开始投喂一些配合饲料或动物性饲料，以防止苦草芽遭到破坏。当高温期到来时，在饲料投喂方面不能直接改口，而是逐步地减少动物性饲料的投喂量，增加植物性饲料的投喂量，以让小龙虾有一个适应过程。但是高温期间也不能全部停喂动物性饲料，而是逐步将动物性饲料的比例降

至日投喂量的 30% 左右。这样，既可保证小龙虾的正常营养需求，也可防止水草过早遭到破坏。

⑥ 捞残草　每天巡塘时，经常把漂在水面的残草捞出池外，以免败坏水质，影响池底水草光合作用。

三、轮叶黑藻

1. 轮叶黑藻的特性

轮叶黑藻，又名节节草、温丝草，是多年生沉水植物。因每一枝节均能生根，故有"节节草"之称。茎直立细长，长 50～80 厘米，叶带状披针形，广布于池塘、湖泊和水沟中。冬季为休眠期，水温 10℃ 以上时，芽苞开始萌发生长，前端生长点顶出其上的沉积物，茎叶见光呈绿色，同时随着芽苞的伸长在基部叶腋处萌生出不定根，形成新的植株。轮叶黑藻的再生能力特强，待植株长成又可以断枝再植。轮叶黑藻可移植也可播种，栽种方便，并且枝茎被小龙虾夹断后还能正常生根长成新植株而不会死亡，不会对水质造成不良影响，而且小龙虾也喜爱采食。因此，轮叶黑藻是小龙虾养殖水域中极佳的水草种植品种。

2. 轮叶黑藻优点

喜高温，生长期长，适应性好，再生能力强，小龙虾喜食，适合于在光照充足的池塘及大水面播种或栽种。轮叶黑藻被小龙虾夹断后能节节生根，生命力极强，不会败坏水质。

3. 轮叶黑藻的种植和管理

（1）栽前准备

① 池塘清整　排水干池，每亩用生石灰 150～200 千克化水趁热全池泼洒，清野除杂，并让池底充分冻晒半个

月，同时做好池塘的修复整理工作。

② 注水施肥　栽培前 5～7 天，注水 30 厘米左右深，进水口用 60 目筛绢进行过滤，每亩施粪肥 400 千克作基肥。

（2）栽培时间　大约在 6 月中旬为宜。

（3）栽培方法

① 移栽　将鱼池留 10 厘米的淤泥，注水至刚没泥。将轮叶黑藻的茎切成 15～20 厘米小段，然后像插秧一样，将其均匀地插入泥中，株行距 20 厘米×30 厘米。苗种应随取随栽，不宜久晒，一般每亩用种株 50～70 千克。由于轮叶黑藻的再生能力强，生长期长，适应性强，生长快，产量高，利用率也较高，最适宜在小龙虾池中种植。

② 枝尖插杆插植　轮叶黑藻有须状不定根，在每年的 4～8 月，处于营养生长阶段，枝尖插植 3 天后就能生根，形成新的植株。

③ 营养体移栽繁殖　一般在谷雨前后，将池塘水排干，留底泥 10～15 厘米，将长至 15 厘米的轮叶黑藻切成长 8 厘米左右的段节，每亩按 30～50 千克均匀泼洒，使茎节部分浸入泥中，再将池塘水加至 15 厘米深。约 20 天后全池都覆盖着新生的轮叶黑藻，可将水加至 30 厘米，以后逐步加深池水，不使水草露出水面。移植初期应保持水质清新，不能干水，不宜使用化肥，可用生物肥料促进定根健草。

④ 芽苞种植　每年的 12 月到翌年 3 月是轮叶黑藻芽苞的播种期，应选择晴天播种，播种前池水加注新水 10 厘米，每亩用种 500～1000 克，播种时应按株行距 50 厘米×50 厘米将芽苞 3～5 粒插入泥中，或者拌泥沙撒播。

当水温升至 15℃ 时，5～10 天开始发芽，出苗率可达95％。

⑤ 整株种植　在每年的5～8月，天然水域中的轮叶黑藻已长成，长达40～60厘米，每亩小龙虾池一次放草100～200千克，一部分被小龙虾直接摄食，一部分生须根着泥存活。

（4）加强管理

① 水质管理　在轮叶黑藻萌发期间，要加强水质管理，水位慢慢调深。同时多投喂动物性饵料或配合饲料，减少小龙虾食草量，促进须根生成。

② 及时除青苔和丝状藻　轮叶黑藻常常伴随着青苔的发生，在养护水草时，如果发现有青苔和丝状藻滋生时，需要及时消除青苔。

青苔不仅吸收水体中的营养，更重要的是它会缠绕幼小的小龙虾，使幼虾无法活动而造成死亡，因此除去青苔是很必要的。

不要直接用高浓度的硫酸铜等化学药品来消除青苔和丝状藻，这是因为化学物品虽然对青苔和丝状藻效果明显，但是对幼弱的小龙虾会产生严重的药害。另外，硫酸铜等化学物品对肥水不利，也对已栽的水草不利，故不宜采用。如果发现塘底青苔和丝状藻太多，这时可先用人工尽可能捞干净，然后再采取生化药品来处理，既安全，效果又明显。生化药品的用量和用法请参考使用说明，各地均有销售。这里介绍一种使用较多的方法，仅供参考：将黑金神配合粉剂活菌王加藻健康（无需加红糖）混合浸泡3～12小时后全池均匀泼洒，生化药品的用量是1包黑金神加2包粉剂活菌王，可用于3～5亩的水面。

四、金鱼藻

1. 金鱼藻的特性

金鱼藻，又称狗尾巴草，是沉水性多年生水草。全株深绿色，长 20～40 厘米左右，群生于淡水池塘、水沟、稳水小河、温泉流水及水库中，尤其适合在大水面养虾中栽培，是小龙虾的极好饲料。

2. 金鱼藻的优缺点

优点是耐高温，虾喜食，再生能力强；缺点是特别旺发，容易臭水。

3. 金鱼藻的种植和管理

金鱼藻的栽培有以下几种方法：

（1）全草移栽　在每年 10 月份以后，待小龙虾基本捕捞结束后，可从湖泊或河沟中捞出全草进行移栽，用草量一般为每亩 50～100 千克。这个时候进行移栽，因为没有小龙虾的破坏，基本不需要进行专门的保护。

（2）浅水移栽　这种方法宜在小龙虾放养之前进行，移栽时间在 4 月中下旬，或当地水温稳定通过 11℃ 即可。首先浅灌池水，将金鱼藻切成小段，长度约 10～15 厘米，然后像插秧一样，均匀地插入池底，亩栽 10～15 千克。

（3）深水栽种　水深 1.2～1.5 米，金鱼藻的长度留 1.2 米，水深 0.5～0.6 米，草茎留 0.5 米。准备一些手指粗细的棍子，棍子长短视水深浅而定，以齐水面为宜。在棍子入土的一头离 10 厘米处用橡皮筋绑上 3～4 根金鱼藻，每蓬嫩头不超过 10 个，分级排放。移栽时掌握深水区稀，浅水区密，肥水池稀，瘦水池密，急用则密，等用则稀的原则。一般栽插密度为深水区 1.5 米×1.5 米栽 1

蓬，浅水区 1 米×1 米栽 1 蓬，以此类推。

（4）专区培育　在池塘、湖泊或河沟的一角设立水草培育区，专门培育金鱼藻。培育区内不放养任何草食性鱼类和小龙虾。10 月份进行移栽，到次年 4～5 月份就可获得大量水草。每亩用草种量 50～100 千克，每年可收获鲜草 5000 千克左右，可供 25～50 亩水面用草。

（5）隔断移栽　每年 5 月份以后可捞新长的金鱼藻全草进行移栽。这时候移栽必须用围网隔开，防止水草随水漂走或被小龙虾破坏。围网面积一般为 10～20 米^2 1 个，每亩 2～4 个，每亩草种量 100～200 千克。待水草落泥成活后可拆去围网。

（6）栽培管理

① 水位调节　金鱼藻一般栽在深水与浅水交汇处，水深不超过 2 米，最好控制在 1.5 米左右。

② 水质调节　水清是水草生长的重要条件。水体浑浊，不适宜水草生长，建议先用生石灰调节，将水调清，然后种草。发现水草上附着泥土等杂物，应用船从水草区划过，并用桨轻轻将水草上的污物拨洗干净。

③ 及时疏草　当水草旺发时，要适当将其稀疏，防止其过密后无法进行光合作用而出现死草臭水现象。可用镰刀割除过密的水草，然后及时捞走。

④ 清除杂草　当水体中着生大量的水花生时，应及时将它们清除，以防止影响金鱼藻等水草的生长。

五、空心菜

1. 空心菜的特性

空心菜，又名蕹菜、竹叶菜，开白色喇叭状花，梗中心是空的，故称"空心菜"。空心菜种植在池边或水中，既可以为小龙虾提供遮阳场所，它的茎叶和根须又能被小龙虾摄食。

2. 空心菜的栽种与管理

空心菜对土壤要求不严，适应性广，无论旱地还是水田，沟边地角都可栽植。

（1）土埂斜坡栽培法　在距池底 1～1.5 米的地带种植，时间一般在 4 月中下旬。先将该地带的土地翻耕 5～10 厘米，亩施腐熟有机肥 2500～3000 千克或人粪尿 1500～2000 千克、草木灰 50～100 千克，与土壤混匀后耙平整细，然后采用撒播方法播种。播种前首先对种子进行处理，即用 50～60℃ 温水浸泡 30 分钟，然后用清水浸种 20～24 小时，捞起洗净后放在 25℃ 左右的温度下催芽，催芽期间要保持湿润，每天用清水冲洗种子 1 次，待种子破皮露白点后即可播种。亩用种量 6～10 千克。撒播后，将种子用细土覆盖，以后定期浇灌，以利于出苗。一般 7 天左右即可出苗，出苗后要定期施肥，以促进空心菜植株快速生长，施肥以鸡粪为好。当气温升高，空心菜生长旺盛，枝叶繁茂，随着水位上涨，其茎蔓及分枝会自然在水面及水中延伸，在池塘四周的水面形成空心菜的生态带。根据小龙虾池的需要控制其覆盖水面面积在 20％～30％ 即可。

（2）水面直接栽培法　当空心菜长达 20 厘米左右时，节下就会生长出须根，这时剪下带须根的苗即可作为供小龙虾池栽培用的种苗，先将这些茎节放在靠近岸边的浅水区，它们会慢慢地生根并迅速生长、蔓延。以空心菜植株长大后覆盖小龙虾池水面面积不超过 30％ 为宜；若超过此面积时，可以作为蔬菜或青饲料及时采收。

六、菱角

1. 菱角的特性

一年生草本水生植物，叶片非常扁平光滑，具有根系发达、茎蔓粗大、适应性强、抗高温的特点，菱角藤长绿叶子，茎为紫红色，开鲜艳的黄色小花。

2. 菱角的种植

（1）直播栽培菱角　在水深 2 米以内的浅水中种菱，多用直播。一般在天气稳定在 12℃ 以上时播种，例如长江流域宜在清明前后 7 天内播种，而京、津地区可在谷雨前后播种。播前先催芽，芽长不要超过 1.5 厘米，播时先清池，清除野菱、水草、青苔等。播种方式以条播为宜，条播时，根据菱池地形，划成纵行，行距 2.6～3 米，每亩用种量 20～25 千克。

（2）育苗移栽菱角　在水深 3～5 米的地方，直播出苗比较困难，即使出苗，苗也纤细瘦弱，产量不高，此时可采取育苗移栽的方法。一般可选用向阳、水位浅、土质肥、排灌方便的池塘作为苗地，实施条播。育苗时，将种菱放在 5～6 厘米浅水池中，利用阳光保温催芽，5～7 天换一次水。发芽后移至繁殖田，等茎叶长满后再进行幼苗定植，每 8～10 株菱盘为一束，用草绳结扎，用长柄铁叉住菱束绳头，栽植于水底泥土中。栽植密度按株行距 1 米×2 米或 1.3 米×1.3 米定穴，每穴种 3～4 株苗。

（3）球茎抛植　每年的 3 月份前后，也可在渠底或水沟中挖取菱的球茎，带泥抛入池中，让其生长。它的根或茎就会生长在底泥中，叶能漂浮水面。

（4）栽培管理

① 除杂草 要及时清除菱塘中的槐叶萍、水鳖草、水绵、野菱等，由于菱角对除草剂敏感，必要时进行手工除草。

② 水质管理 生长过程中水层不宜大起大落，否则影响分枝成苗率。移栽后到 6 月底，保持菱塘水深 20～30 厘米，增温促蘖，每隔 15 天换一次水。7 月份后随着气温升高，菱塘水深逐步增加到 45～50 厘米。在盛夏可将水逐渐加深到 1.5 米，最深不超过 2 米。

七、茭白

茭白为水生植物，株高约 1～2 米，叶互生，喜生长于浅水中，喜高温多湿，生育初期适温约 15～20℃，嫩茎发育期约 20～30℃。

茭白用无性繁殖法种植，长江流域于 4～5 月间选择那些生长整齐，茭白粗壮、洁白，分蘖多的植株作种株。宜栽在四周的池边或浅滩处，栽种时应连根移栽，要求秧苗根部入水 10～12 厘米，每亩 30～50 棵即可。

八、水花生

水花生是挺水植物，水生或湿生多年生宿根性草本。茎长可达 1.5～2.5 米，其基部在水中匍生蔓延。原产于南美洲，我国长江流域各省水沟、水塘、湖泊均有野生。水花生适应性极强，喜湿耐寒，抗寒能力超过水葫芦和水蕹菜等水生植物，能自然越冬。气温上升到 10℃ 时即可萌芽生长，最适气温为 22～32℃，5℃ 以下时水上部分枯萎，但水下茎仍能保留在水下不萎缩。

在移栽时用草绳把水花生捆在一起，形成一条条的水花生柱，平行放在池塘的四周。许多小龙虾喜欢长期待在水花生下面，因此要经常翻动水花生。一是让水体能动起来；二是防止水花生的下部发臭；三是减少小龙虾的消极隐蔽，促进它们吃食生长。

九、水葫芦

水葫芦是一种多年生宿根浮水草本植物，高约 0.3 米。在深绿色的叶下，有一个直立的椭圆形中空的葫芦状茎。因其浮于水面生长，又叫水浮莲；又因其在根与叶之间有一像葫芦状的大气泡，又称水葫芦。水葫芦茎叶悬垂于水上，蘖枝匍匐于水面。花为多棱喇叭状，花色艳丽美观。叶色翠绿偏深，叶全缘，光滑有质感。须根发达，分蘖繁殖快，管理粗放，是美化环境、净化水质的良好植物。水葫芦喜欢在向阳、平静的水面，或潮湿肥沃的边坡生长。水葫芦喜温，在 $0 \sim 40℃$ 的范围内均能生长，$13℃$ 以上开始繁殖，$20℃$ 以上生长加快，$25 \sim 32℃$ 生长最快，$35℃$ 以上生长减慢，$43℃$ 以上则逐渐死亡。

由于水葫芦会对其生活的水面采取"野蛮"的封锁策略，挡住阳光，导致水下植物得不到足够光照而死亡，破坏水下动物的食物链，导致水生动物死亡；此外，水葫芦还有富集重金属的能力，死后腐烂体沉入水底形成重金属高含量层，直接杀伤底栖生物，因此，有专家将它列为有害生物。所以我们在养殖小龙虾时，可以利用，但一定要掌握度，不可过量。

在水质良好、气温适当、通风较好的条件下，株高可长到 50 厘米，一般可长到 20～30 厘米，可在池中用竹竿、草绳等隔一角落，进行培育。一旦当水葫芦生长得过快，池中过多过密时，就要立即清理。

十、青萍

青萍在我国南北均有分布，生长于池塘、稻田、湖泊中，以色绿、干燥、完整、无杂质者为佳。

可根据需要随时捞取，也可在池中用竹竿、草绳等隔一角落，进行培育。只要水中保持一定的肥度，它们都可生长良好。若水中生长量不大，可用少量化肥，化水泼洒，促进其生长发育。

十一、芜萍

芜萍是多年生漂浮植物，椭圆形粒状叶体，没有根和茎，长 0.5～8 毫米，宽 0.3～1 毫米，生长在小水塘、稻田、藕塘和静水沟渠等水体中。

芜萍的培育方法同青萍。

第四节　水草的护理

一、不同生长阶段对水草的管理要求

许多养殖户对于水草，只种不管，认为水草这种东西在野塘里到处生长，不需要加强管理，其实这种观念是错误的。如果对水草不加强管理的话，不但不能正常发挥水草作用，而且一旦水草大面积衰败时会大量沉积在池底，然后腐烂变质，极易污染水质，进而造成小龙虾死亡。

小龙虾养殖的不同时期对小龙虾池里的水草要求是不一样的。

1. 养殖前期

小龙虾养殖前期对水草的要求是种好草：一是要求塘口多种草、种足草；二是要求塘口种上适宜小龙虾生长的水草；三是要求种的草要成活，要萌发，要能在较短时间内形成水下森林。

2. 养殖中期

小龙虾养殖中期对水草的要求是管好草：一是小龙虾池水色过浓而影响水草进行光合作用的，应及时调水至清新状态或降低水位，从而增强光线透入水中的机会，增强水草的光合作用；二是如果小龙虾池的水质浑浊、水草上附着污染物的，应及时清洗水草，对于水面较大的小龙虾池，可以使用相应的药物泼洒，对水草上的污物进行分解；三是一旦发现小龙虾池里的水草有枯萎现象或缺少活力的，应及时用生化肥料或其他肥料进行追肥。

3. 养殖后期

小龙虾养殖后期对水草的要求是控好草：一是控制水草的疯长，水草在池塘里的覆盖率维持在50%左右就可以了；二是加强台风期的水草控制，在养殖后期也是台风盛行的时候，在台风到来前，要做好水位的控制，主要是适当降低水位，避免较大的风力把水草根茎拔起而离开池底，造成枯烂，污染水质；三是对水草超出水面的，在6月初割除老草头，让其重新生长出新的水草，形成水下森林。

二、小龙虾池里水草疯长的应对措施

1. 水草疯长的原因

随着水温的渐渐升高，小龙虾池里的水草生长速度也不断加快，在这个时期，如果小龙虾池中水草没有得到很好的控制，就会出现疯长现象。疯长后的水草会出现腐烂现象，直接导致水质变坏，水中严重缺氧，将给小龙虾养殖造成严重危害。对水草疯长的小龙虾池，可以采取多种措施加以控制。

2. 人工清除

这个方法是比较原始的，劳动力也大，但是效果好，适用于小型的小龙虾池。具体措施就是随时将漂浮的水草及腐烂的水草捞出。对于池中生长过多过密的水草可以用刀具割除，也可以用绳索上挂刀片，两人在岸边来回拉扯，从而达到割草的目的。每次水草的割除量控制在水草总量的 1/3 以下。还有一种割草的方法就是在小龙虾池中间割出一些草路，每隔 8～10 米割出一条 2 米左右的草路，让小龙虾有自由活动的通道。

3. 缓慢加深池水

一旦发现小龙虾池中的水草生长过快时，这时应加深池水让草头没入水面 30 厘米以下，通过控制水草的光合作用来达到抑制生长的目的。在加水时，应缓慢加入，让水草有个适应的过程，不能一次加得过多，否则会发生死草并腐烂变质的现象，从而导致水质恶化。

4. 补氧除害

对于那些水草过多而疯长的池塘，如果遇到天气闷热、气压过低的天气时，既不要临时仓促割草，也不要快速加换新水，以免搅动池底，让污物泛起。这时先要向水体里投放高效的增氧剂，既可以是化学增氧剂，也可以用生化增氧产品，目的是补充水体溶解氧的不足；同时使用药物来消除水体表面的张力和水体分层现象，促使小龙虾池里的有害物质转化为无害的有机物或气体溢出水面，等天气和气压状况好转后，再将疯长的水草割去，同时加换新水。

5. 调节水质

水草疯长的池塘，水里面的腐烂草屑和其他污物一般都很多，这是水质不好的表现，如果不加以调控的话，很可能就会进一步恶化。特别是在大雨过后及人工割除的情况下，现象更是明显，而且短期内水质都不会好转。这时就要着手调节水质。

调节水质的方法很多，可以先用生石灰化水全池泼洒，烂草和污物多的地方要适当多洒，第二天上午使用解毒剂进行解毒，然后再施用追肥。

三、水草管理中的几个问题及处理

1. 水草老化

① 老化的原因　小龙虾池经过一段时间的养殖后，由于水体中肥料营养已经被水草和其他水生动植物消耗得差不多了，出现营养供应不足，导致水质不清爽。

② 水草老化的危害　一是污物附着水草，叶子发黄；二是草头贴于水面上，经太阳曝晒后停止生长；三是伊乐藻等水草老化比较严重，出现了水草下沉、腐烂的情况。水草老化对小龙虾养殖的影响就是败坏水质、底质，从而影响小龙虾的生长。

③ 对策　一是对于老化的水草要及时进行"打头"或"割头"处理；二是促使水草重新生根、促进生长。可通过施加肥料或生化肥等来达到目的。可用 1 桶健草养螺宝加 1 袋黑金神用水稀释后全池泼洒，可用于 8～10 亩。

2. 水草过密

① 水草过密的原因　小龙虾池经过一段时间的养殖，随着水温的升高，水草的生长也处于旺盛期，于是有的池塘里就会出现水草过密的现象。

② 水草过密的危害　水草过密对小龙虾造成的影响：一是过密的水草会封闭整个小龙虾池塘表面，造成池塘内部缺少氧气和光照，小龙虾会缺氧而死亡；二是过密的水草会大量吸收池塘的营养，从而造成小龙虾池的优良藻相无法保持稳定，时间一长就会造成小龙虾疾病频发；三是水草过密，小龙虾有了天然的躲避场所，它们就会躲藏在里面不出来，不吃不喝，时间一长就会造成整个池塘的小龙虾产量下降，规格降低。

③ 对策　一是对过密的水草强行打头或刈割，从而起到稀疏水草的效果；二是对于生长旺盛、过于茂盛的水草要分块，进行有一定条理的"打路"处理，一般 5～6 米打一宽 2 米的通道，以加强水体间上、下水层的对流及增加阳光的照射，有利于水体中有益藻类及微生物的生长，还有利于小龙虾的行动、觅食，增加小龙虾的活动空间；三是处理水草后，要在小龙虾池中全池泼洒防应激、抗应激的药物，来缓解小龙虾因改变光照、水体环境带来的应激反应。具体的药物和用量请参考鱼药说明。

3. 水草过稀

在养殖过程中，温度越来越高，小龙虾越长越大，越来越多，也越来越活跃，对水草的需求也越来越旺盛，而小龙虾池里的水草却越来越稀少，这在小龙虾养殖中是最常见的一种现象。经过分析，我们认为导致水草过稀的原因有下面几种，不同的情况对小龙虾造成的影响是不同的，当然处理的对策也有所不同。

第一种情况是由水质老化浑浊而造成的。小龙虾池里的水太浑浊，水草上附着大量的黏滑浓稠的污泥物，这些污泥物在水草的表面阻断了水草利用光能进行光合作用的途径，从而阻碍了水草的生长发育。

对策：一是换注新水，促使水质澄清；二是先清洗水草表面的污泥，然后再促使水草重新生根、促进生长，可通过施加肥料或生化肥等来达到目的。

第二种情况是水草根部腐烂、霉变而引起的。养殖过程中由于大量投饵或使用化肥、鸡粪等导致底部有机质过多，水草根部在池底受到硫化氢、氨、沼气等有害气体和有害菌侵蚀造成根部的腐烂、霉变，进而使整株水草枯萎、死亡。

对策：一是对已经死亡的水草，要及时捞出，减少对小龙虾池的污染；二是对池水进行解毒处理，用相应的药物来消除池塘里硫化氢、氨等的毒性；三是做好小龙虾的保护工作，可投喂大蒜素（0.5%）、护肝药物（0.5%）、多维（1%），每天1次，连续3～5天，防止小龙虾误食已经霉变的水草而中毒；四是用药物对已腐烂、霉变的水草进行氧化分解，达到抑制、减少有害气体及有害菌的作用，从而保护健康水草根部不受侵蚀而腐烂、霉变。这类药物目前在市场上属于新品种，并不多见，例如六控底健康就可以用来解决此类情况，具体的用量和用法请参考说明。

第三种情况就是水草的病虫害而引起的。春夏之交是各种病虫繁殖的旺盛期，这些飞虫将自己的受精卵产在水草上孵化，这些孵化出来的幼虫需要能量和营养，水草便是最好的能量和营养载体，这些幼虫通过噬食水草来获取营养，导致水草慢慢枯死，从而造成小龙虾池里的水草稀疏。

对策：由于小龙虾池里的水草是不能乱用药物的，尤其是针对飞虫的药物有相当一部分是菊酯类的，对小龙虾有致命伤害，因此不能使用；针对水草的病虫害只能以预防为主，可用经过提取的大蒜素制剂与食醋混合后喷洒在水草上，能有效驱虫和溶化分解虫卵（大蒜素制剂和食醋的用量请参考说明书）。

第四种情况是综合因素引起的。主要是在高温季节、高密度、高投饵、高排泄、高残留、低气压、低溶氧，水质、底质容易变坏，对水草的健康生长带来不良影响，是小龙虾养殖的高危期。

对策：每5～7天在水草生长区和投饵区抛洒底部改良剂或漂白粉制剂，目的是解决水质通透，防止底质腐败，消除有毒有害物质如亚硝酸盐、氨氮、硫化氢、甲烷、重金属、有害腐败病菌等，保护水草健康。

第五种情况就是小龙虾割草而引起的。所谓小龙虾割草就是小龙虾用大螯把水草夹断，就像人工用刀割的一样，养殖户把这种现象就叫小龙虾割草。

小龙虾池里如果有少量小龙虾割草属于正常现象，

　　如果在投喂后这种现象仍然存在，可根据小龙虾池的实际情况合理投放一定数量的螺蛳，有条件的尽量投放仔螺蛳。

　　小龙虾池里如果小龙虾大量割草，那就不正常了，可能是饲料不足或者小龙虾开始发病的征兆。一是针对饲料不足时可多投喂优质饲料；二是配合施用追肥，来达到肥水培藻的目的，也可使用市售的培藻产品来按说明泼洒，以达到培养藻类的效果。

第七章 小龙虾的繁殖

目前我国小龙虾苗种人工繁殖技术仍然处于完善和发展之中，在苗种没有批量供应之前，建议各养殖户可放养抱卵亲虾，实行自繁、自育、自养的方法来达到苗种供应的目的。

第一节 生殖习性

一、性成熟

小龙虾为隔年性成熟，9～10 月离开母体的幼虾到第二年的 6～8 月即可性成熟产卵。

二、自然性比

在自然界中，小龙虾的雌雄比例是不同的。根据舒新亚等人的研究表明，在体长 3.0～8.0 厘米的小龙虾中，雌性多于雄性，其中雌性占总体的 51.5%，雄性占 48.5%，雌雄比例为 1.06：1；在 8.1～13.5 厘米的小龙虾中，也是雌性多于雄性，其中雌性占总体的 55.9%，雄性占 44.1%，雌雄比为 1.17：1，在其他大小的个体中，则是雄性占大多数。

三、交配季节

小龙虾的交配季节一般在 4 月下旬到 7 月，1 尾雄虾可先后与 1 尾以上的雌虾交配,群体交配高峰在 5 月。

四、交配行为与排精

交配前雌虾先进行生殖蜕皮,约 2 分钟即可完成蜕皮过程。交配时雌虾仰卧水面,雄虾用它那又长又大的螯足钳住雌虾的螯足,用步足紧紧抱住雌虾,然后将雌虾翻转、侧卧。到适当时候,雄虾的钙质交接器与雌虾的储精囊连接,雄虾的精夹顺着交接器进入雌虾的储精囊,交配开始,雄虾射出精子,精子储藏在储精囊中,到 9~10 月雌虾产卵以前,精子一直存在于此。

五、产卵

小龙虾一年可产卵 3~4 次,每次产卵 100~500 粒。小龙虾雌虾的产卵量随个体长度的增长而增多。根据对 154 尾雌虾的解剖结果,体长 7~9 厘米的雌虾,产卵量约为 100~180 粒,平均抱卵量为 134 粒;体长 9~11 厘米的雌虾,产卵量约为 200~350 粒,平均抱卵量为 278 粒;体长 12~15 厘米的亲虾,产卵量为 375~530 粒,平均抱卵量为 412 粒。

六、受精

亲虾交配后,7~40 天左右,雌虾才开始产卵。雌虾从第三对步足基部的生殖孔排卵并随卵排出很多蛋清状胶质,将卵包裹。卵经过储精囊时,胶质状物质促使储精囊内的精夹释放精子,精卵结合完成受精过程。腹部侧甲延伸形成抱卵腔,用于保护受精卵。受精卵呈圆形,随着胚胎发育不断变化。

七、抱卵与孵化

待雌虾排卵使精子受精后，受精卵会被雌虾运送到腹部并黏附在雌虾的腹足上，腹足不停地摆动以保证孵化所必需的溶氧。卵的孵化与水温、溶氧量、透明度等水质因素相关。稚虾孵出后，全部附于母体的腹部游泳足上，在母体的保护下完成幼体阶段的生长发育过程。

解剖的结果发现，每年 9 月这个时间段正是小龙虾受精卵快速发育的好时机，见表 7-1，因此建议虾农购买抱卵亲虾不要晚于 9 月底进行。

表 7-1 小龙虾性腺发育解剖情况

卵的颜色	数量/只	占总数的百分比/%
酱紫色	72	39.56
土黄色	54	29.66
深土黄色	23	12.64
吸收中	18	9.89
刚发育	9	4.95
无	6	3.30

注：解剖时间 2007-9-26。

在自然情况下，亲虾交配后，开始掘洞。雌虾产卵和受精卵孵化的过程基本上是在洞穴中完成的。从第一年秋季孵出后，幼体的生长、发育和越冬过程都是附生在母体腹部，到第二年春季才离开母体生活，这也是保证它的繁殖成活率的有效举措，成活率可达 80% 左右。

受精卵孵化时间长短，与水温、溶氧量、透明度等水质因素密切相关。相关资料显示，日本学者对小龙虾受精卵的孵化进行了研究，提出在 7℃ 水温条件下，受精卵孵化约需 150 天，10℃约需 87 天，15℃约需 46 天，22℃约需 19 天，25℃约需 15 天。如果水温太低，受精卵的孵化可能需数月之久，这就是人们在第二年的 3～5 月仍可见到抱卵虾的原因。

第二节　雌雄鉴别

一、性成熟的个体大小

在自然条件下，小龙虾性成熟较早，25～30 克即可达到性成熟。

二、雌雄鉴别

性成熟后的小龙虾雌雄异体，雌雄两性在外形上都有自己的特征，差异十分明显，容易区别，鉴别如下：

① 达到性成熟的同龄虾中，雄性个体都大于雌性个体。

② 相比较而言，性成熟的雌虾腹部膨大，雄虾腹部相对狭小。

③ 雄虾螯足膨大，腕节和掌节上的棘突长而明显，且螯足的前端外侧有一明亮的红色软疣。雌虾螯足较小，大部分没有红色软疣，少部分有，但面积小且颜色较淡。

④ 雌虾的生殖孔开口于第 5 步足基部，可见一对明显的暗色圆孔，腹部侧甲延伸形成抱卵腔，用以附着卵。

⑤ 雄虾第 4 对附肢内侧有一对交接器，输精管只有左侧一根，呈白色线状。

⑥ 雄虾第一、第二腹足演变成白色钙质的管状交接

器；雌虾第一腹足退化，第二腹足羽状。

第三节 亲 虾 选 择

一、选择时间

选择小龙虾亲虾的时间一般在 8～10 月或翌年 3～4 月，应直接从养殖小龙虾的池塘或天然水域捕捞，亲虾离水的时间应尽可能短，一般要求离水时间不要超过 2 小时，在室内或潮湿的环境，时间可适当长一些。

二、雌雄比例

雌雄比例应根据繁殖方法的不同而有一定的差异，如果是用人工繁殖模式的雌雄比例以 2：1 为宜；半人工繁殖模式的以 5：2 或 3：1 为好；在自然水域中以增殖模式进行繁殖的雌雄比例通常为 3：1。

三、选择标准

一是雌雄性比要适当，达到繁殖要求的性配比。

二是个体要大，达性成熟的小龙虾个体要比一般的生长阶段的个体大，雌雄个体重都要在 30～40 克为宜。

三是要求颜色暗红或黑红色、有光泽，体表光滑而且没有纤毛虫等附着物。那些颜色呈青色的虾，看起来很大，但它们仍属壮年虾，一般再蜕壳 1～2 次后才能达到性成熟，商品价值也很高，宜作为商品虾出售。

四是对健康要严格要求。亲虾要求附肢齐全，缺少附肢的虾尽量不要选择，尤其是螯足残缺的亲虾要坚决摒弃。要求亲虾身体健康无病，体格健壮，活动能力强，反应灵敏。当人用手抓它时，会竖起身子，舞动双螯保护自己；取一只放在地上，它会迅速爬走。

五是了解小龙虾的来源、离开水体的时间、运输方式等。如果是药捕（如敌杀死药捕）的小龙虾，坚决不能用作亲虾，那些离水时间过长（高温季节离水时间不要超过2小时，一般情况下不要超过4小时，要求离水时间尽可能短）、运输方式粗糙（过分挤压风吹）的市场虾不能作为亲虾。

六是对亲虾的规格选择。按照其他品种的养殖经验，亲虾个体越大，繁殖能力越强，繁殖出的小虾的质量也会越好，所以很多人选择大个体的虾作种虾。但有专家在生产中发现，实际结果刚好相反。主要原因在于小龙虾的寿命非常短，大个体的虾往往已经接近生命的终点，投放后不久就会死亡，不仅不能繁殖，反而造成成虾数量的减少，产量也就很低。所以建议亲虾的规格最好是选15～20尾/斤的成虾，且一定要求附肢齐全，颜色呈红色或褐色。

第四节　亲虾越冬

亲虾的越冬是关系到来年幼虾供应的大问题，也是整个繁殖工作的重要环节。由于小龙虾在自然界中是通过藏在洞穴中并将洞口封堵上的措施来越冬的，因此在生产上可采用保温的方法来越冬，常用的方法有塑料薄膜覆盖水池保温法、电热器加温法、温泉水越冬法、工厂余热水越冬法和玻璃室越冬法等，保证越冬期间的水温在16～18℃，都能达到使亲虾安全越冬的效果。

越冬管理工作也很重要，如果越冬场所的水温能保持在适当范围内，可投喂野杂鱼、螺蛳、河蚌肉、蚯蚓及畜禽内脏等饲料，让亲虾恢复体质。同时水体内要投放充足的水草或稻草，并适度施肥，培育浮游生物，保持透明度在 30～40 厘米，保证亲虾和孵出的幼虾有足够的食物。

第五节　亲虾的培育与繁殖

小龙虾的繁殖方式主要是自然繁殖，现在许多资料介绍可用全人工繁殖，但经过试验和调查，这种人工繁殖技术是不成熟的，建议广大养殖户还是采取自繁自育、自然增殖的方法比较好。即使是采用人工繁殖的苗种，在投放时也要注意距离和时间。

一、培育池

可选择池塘、河沟、低洼田等，面积以 1.5～2 亩左右为宜，要求能保持水深 1.2 米左右，池埂宽 1.5 米以上，池底平整，最好是硬质底，池埂坡度 1∶3 以上，有充足、良好的水源，建好注、排水口，进水口加栅栏和过滤网，防止敌害生物入池，同时防止青蛙入池产卵，避免蝌蚪残食虾苗。池埂四周用塑料薄膜或钙塑板搭建，以防亲虾攀附逃逸，池中要尽可能多建一些小的田间埂，种植水葫芦、水浮莲、水花生、眼子菜、轮叶黑藻、苲草等水草，面积占总水面的 1/4～1/3，水底最好有隐蔽性的洞穴。池中放置扎好的草堆、树枝、竹筒、杨树根、棕榈皮等作为隐蔽物和虾苗蜕壳附着物。

二、亲虾放养

在每年的 8 月至 9 月底进行，此时虾还未进入洞穴，容易捕捞放养，选择体质健壮、肉质肥满结实、规格一致的虾种和抱卵的亲虾放养。放养前 1 周，用 75 千克/亩生石灰干塘消毒。消毒后经过滤（防野杂鱼入池）注水深 1 米左右，施入腐熟畜禽粪 750 千克/亩培肥水质。如果是直接在水体中抱卵孵化并培育幼虾，然后直接养成大虾的话，亩放亲虾 25 千克，雌雄比例（2～3）：1，放养前用 5％食盐水浸浴 5 分钟，以杀灭病原体。如果是用水体进行大批量培育苗种，则亩放亲虾 100 千克，雌雄比例 2：1。10 月上旬开始降低水位，露出堤埂和高坡，确保它们离水面约 30 厘米，池塘水深也要保持在 60～70 厘米，让亲虾掘穴繁殖。待虾洞基本掘好后，再将水位提升至 1 米左右。

三、培育管理

为了保证幼虾在蜕皮时不受惊扰，也为了防止软壳虾被侵犯，在全人工繁殖期间最好不要放其他的鱼。投喂管理比较简单，可投喂切碎的螺蚌肉、小鱼、小虾、畜禽屠宰下脚料、新鲜水草、豆饼、麦麸或配合饲料等。由于亲虾的繁殖量是难以控制的，因此日投喂量主要是随着水温而有一定的变化，每天早、晚各投喂 1 次，以傍晚为主。具体的投饵量可采取试差法来确定，即第二天看前一天投喂的饲料是否余下，如果余下则要少投，如果没余就要多投，捕捞后要少投。加强水质管理是非常重要的，一是可及时提供新鲜的水源，二是可提供外源性微生物和矿物质，三是对改善水质大有裨益。坚持每半月换新水 1 次，每次换水 1/4；每月用生石灰 15 克/米^2 兑水泼洒 1 次，以保持良好水质，促进亲虾性腺发育。

四、孵化与护幼

进入春季后，要坚持每天巡池，查看抱卵亲虾的发育与孵化情况，一旦发现有大量幼虾孵化出来后，可用地笼捕捉已繁殖过的大虾，尽量减少盘点过池，操作也要特别小心，避免对抱卵的亲虾和刚孵出的仔虾造成影响。同时要加强管理，适当降低水位 10～20 厘米，以提高水温，同时做好幼虾投喂工作和捕捞大虾的工作。

五、及时采苗

稚虾孵化后在母体保护下完成幼虾阶段的生长发育过程。稚虾一离开母体，就能主动摄食，独立生活。此时一定要适时培养轮虫等小型浮游动物供刚孵出的仔虾摄食，估计出苗前 3～5 天，开始从饲料专用池捕捞少量小型浮游动物入虾苗池，并用熟蛋黄、豆浆等及时补充仔、幼虾所需的食料供应。当发现繁殖池中有大量稚虾出现时，应及时采苗，进行虾苗培育。

第八章 小龙虾的
幼虾培育

离开抱卵虾的幼虾体长约为 1 厘米，在生产上是可以直接放入池塘进行养殖的，但由于此时的幼虾个体很小，自身的游泳能力、捕食能力、对外界环境的适应能力、抵御或逃避敌害的能力都比较弱，如果直接放入池塘中养殖，成活率很低，最终会影响成虾的产量。因此，有条件的地方可进行幼虾培育，待幼虾三次蜕皮后，体长达 3 厘米左右时，再放入成虾养殖池中养殖，可有效地提高成活率和养殖产量。小龙虾的幼虾培育主要有水泥池培育和土池培育两种模式。

第一节 虾苗的采捕

一、采捕工具

小龙虾幼苗的采捕工具主要是两种：一种是网捕；一种是笼捕。

二、采捕方法

网捕时，方法很简单：一是用三角抄网抄捕，用手抓住草把，把抄网放在草下面，轻轻地抖动草把，即可获取幼虾；二是用虾网诱捕，在专用的虾网上放置一块猪骨头或内脏，待 10 分钟后提起虾网，即可捕获幼虾。

笼捕时，用特制的密网目小地笼，为了提高捕捞效果，可在笼内放置猪骨头，间隔 4 小时后收笼。

第二节　水泥池培育

一、培育池的建设

1. 面积

根据生产实践，培育池的面积以 100～120 米² 为好。

2. 建设

长方形或圆形均可，池内壁要用水泥抹平，保持光滑，以免碰伤幼虾。进排水设施要完善。为了方便出水和收集幼虾，池底要有 1% 左右的倾斜度，最低处设一出苗孔，池外侧设集苗池，便于排水出苗。在适宜的水位上方设置平水缺，可用 80 目的纱窗挡好。

3. 处理

新建水泥池要用硫代硫酸钠去除水泥中的硅酸盐（俗称去火、去碱），然后用漂白粉消毒。

4. 隐藏物的设置

水泥池中要移植和投放一定数量的沉水性及漂浮性水生植物。沉水性植物可用轮叶黑藻、菹草、伊乐藻、马来眼子菜等，将它们扎成一团，然后用小石块系好沉于水底，每 5 米² 放一团。漂浮性植物可用水葫芦、浮萍、水浮莲等。这些水生植物用作幼虾攀爬、栖息和蜕壳时的隐蔽场所，还可作为幼虾的饲料，保证幼虾培育有较高的成活率。

5. 水位控制

幼虾培育时的水位宜控制在 50 厘米即可。

6. 充气增氧设施

包括鼓风机、送气管道和气石，根据水泥池大小和充气量要求配置罗茨鼓风机。散气石选用 60～100 号金刚砂气石，每 2 米² 设置一个。

二、培育用水

幼虾培育用水一般用河水、湖水和地下水就可以了，水质要符合国家颁布的渔业用水或无公害食品淡水水质标准。

三、幼虾放养

1. 幼虾要求

为了防止在高密度情况下大小幼虾互相残杀，因此在幼虾放养时，要注意同池中幼虾规格保持一致，体质健壮，无病无伤。

2. 放养时间

要根据幼虾苗采捕而定，一般以晴天的上午 10 时为好。

3. 放养密度

每平方米可放养幼虾 800 尾左右。

4. 放养技巧

一是要带水操作，投放时动作要轻快，要避免使幼虾受伤。

二是要试温后放养，方法是将幼虾运输袋去掉外袋，将袋浸泡在水泥培育池内 10 分钟，然后转动一下再放置

10 分钟，待水温一致后再开袋放虾，确保运输幼虾水体的水温要和培育池里的水温一致。

四、日常管理

一是投喂工作要抓紧。要定时向池中投喂浮游动物或人工饲料。浮游动物可从池塘或天然水域捞取，也可进行提前培育。人工饲料主要是用豆浆，或者用小鱼、小虾、螺蚌肉、蚯蚓、蚕蛹、鱼粉等动物性饲料，适当搭配玉米、小麦，粉碎混合成糜状或加工成软颗粒饲料。每日投喂三次，具体投饵量要以水质和虾的摄食情况而定。

二是要控制水质。定期排污，吸出残饵及排泄物，每隔 7 天换水 1/3，每 15 天用一次微生物制剂，保持水质良好，使水中的溶氧保持在 5 毫克/升以上。水深保持在 50 厘米，水温保持在 25～28℃，日变化不要超过 3℃。

三是做好其他管理工作，加强巡视，并作好日常记录。

五、幼虾收获

在水泥池中收获幼虾很简单，一是用密网片围绕小水泥池拉网起捕；二是直接通过池底的阀门放水起捕，然后用抄网在出水口接住就行了，但要注意水流放得不能太快，否则会对幼虾造成伤害。

第三节　土池培育

土池培育的原理、方法与水泥池相似，只是它的可控性和可操作性差一点。

一、培育池

1. 面积

长方形，面积 1.5～2.5 亩为好，不宜太大。

2. 条件

池埂坡度 1：(3～4)，水深能保持 1.5 米，正常保持在 0.8 米即可，池底部要平坦，以沙土为好，淤泥要少。在培育池的出水口一端要有 2～4 米^2 面积的集虾坑。

3. 防逃

可用钙塑板、石棉板、玻璃钢、白铁皮、尼龙薄膜或有机纱窗做成防逃设施，高 20 厘米即可。

4. 水质

要求清新无任何污染，溶氧量保持在 5 毫克/升以上，适宜 pH 值为 7.0～9.0，最佳 pH 值为 7.5～8.5，透明度 35 厘米左右。进水口用 20～40 目筛网过滤进水，防止昆虫、小鱼虾及卵等敌害生物随进水游入池中。

5. 清塘消毒

对老龄池塘应清淤晒塘。放虾苗前 15 天进行清池消毒，用生石灰溶水后全池泼洒，生石灰用量为 150 千克/亩。

6. 移植水草

池塘四周设置水花生带，带宽 50～80 厘米，也可用菹草、金鱼藻、轮叶黑藻、眼子菜等。特别是池内保持定量的水葫芦和浮萍极为有利。水草移植面积占养殖总面积的 1/3 左右。池中还可设置一些水平垂直网片，增加幼虾栖息、蜕壳和隐蔽的场所。

7. 施肥培水

每亩施腐熟的人畜粪肥或草粪肥 400～500 千克，培育幼虾喜食的天然饵料，如轮虫、枝角类、桡足类等浮游生物。

二、幼虾放养

放养方法和水泥池是一样的，只是密度不同而已，每亩放养幼虾约 10 万尾左右。放养时间要选择在晴天早晨或傍晚，要带水操作，将幼虾投放在浅水水草区，投放时动作要轻快，要避免使幼虾受伤。

三、饲料投喂

由于土池没有水泥池的可控性强，因此提前培育浮游生物是很有必要的。在放苗前七天向培育池内追施发酵过的有机草粪肥，培肥水质，培育枝角类和桡足类浮游动物，为幼虾提供充足的天然饵料。在培育过程中主要投喂各种饵料，天然饲料主要有浮萍、水花生、苦草、野杂鱼、螺、蚌等，人工饲料主要有豆腐、豆渣、豆饼、麦子、配合饲料等。饲料要新鲜适口，严禁投喂腐败变质的饲料。

前期每天投喂 3～4 次，投喂的种类以鱼肉糜、绞碎的螺、蚌肉或天然水域捞取的枝角类和桡足类为主，也可投喂屠宰场和食品加工厂的下脚料、人工磨制的豆浆等。投饵量以每万尾幼虾 0.15～0.20 千克为宜，沿池边多点片状投喂。饲养中后期要定时向池中投施腐熟的草粪肥，一般每半个月一次，每次每亩 100～150 千克。同时每天投喂 2～3 次人工糜状或软颗粒饲料，日投饵量每万尾幼虾为 0.3～0.5 千克，或按幼虾体重的 4%～8% 投喂，白天投喂占日投饵量的 40%，晚上占日投饵量的 60%。

四、水质调控

1. 注水与换水

培育过程中，要保持水质清新，溶氧充足，虾苗下塘后每周加注新水一次，每次 15 厘米，保持池水"肥、活、嫩、爽"，溶氧量 5 毫克/升。

2. 调节 pH 值

每半月左右泼洒生石灰水一次，每次生石灰用量为 $10\sim15$ 克/米^3，进行池水水质调节和增加池水中离子钙的含量，提供幼虾在蜕壳生长时所需的钙质。

五、日常管理

巡塘值班，早晚巡视，观察幼虾摄食、活动、蜕壳、水质变化等情况，发现异常及时采取措施。防逃防鼠，下雨加水时严防幼虾顶水逃逸。在池周设置防鼠网、灭鼠器械防止老鼠捕食幼虾。

第四节　网箱培育

利用网箱培育幼虾是目前许多专门培育虾种的单位首选的方式，这是因为这种模式的成本低，使用方便，培育产量高，但缺点是饲料投入高，虾体容易受损伤。

一、网箱规格

培育幼虾的网箱面积不宜过大，以 $5\sim10$ 米^2 为宜，网高 $1\sim1.3$ 米，并加盖防逃网。网目以幼虾不能穿出为原则，一般为 60 目，在网箱周边缝上一圈宽约 20 厘米的硬质塑料薄膜。

二、布箱

网箱一般架设在水面宽阔的池塘、水库、湖泊等水域。水域里要求水质清新，无污染，无毒害，风浪不宜过小，也不宜过大。

网箱的入水深度以 1 米为宜，箱内要布设 2/3 的水草。水草可用捆扎好的轮叶黑藻或水花生，用石头吊放在网箱内（图 8-1）。

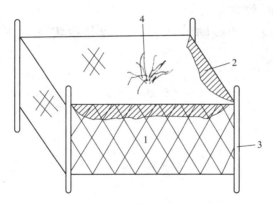

图 8-1　网箱养小龙虾示意图
1—网片；2—防逃薄膜；3—支架；4—水草

三、培育密度

网箱培育的密度可以大一点，一般每平方米可以放养 2000 尾。

四、投饵

网箱培育小龙虾幼体，全部靠人工投喂配合饵料，颗粒饵料的蛋白质含量达到 38% 左右，粒径要大于网目，以减少饵料漏出网箱外。日投饵量为幼虾体重的 15% 左右，每天可投喂 3 次，每次各占 1/3 就可以了。

五、日常管理

首先要及时清理网箱，对网箱四周及底部的青苔和污物要及时清理，以免堵塞网目，不利于水体交换，造成小龙虾幼体因密度过大而窒息死亡。

其次是检查网箱有无破损的情况，一旦发现纲目松软时，要及时处理。

最后就是积极防治敌害，主要是鼠害和蛇害。

第九章　小龙虾的运输

第一节　小龙虾的捕捞

小龙虾捕捞方法简单，能较长时间离水，运输方便（幼虾除外），运输成活率高，在捕捞及产品的运输上省时、省工、费用低。

一、捕捞时间

小龙虾生长速度较快，经 1～2 个月的人工饲养，成虾规格达 30 克以上时，即可捕捞上市。在生产上，小龙虾从 4 月份就可以捕大留小了，收获以夜间昏暗时为好，对上规格的虾要及时捕捞，可以降低存塘虾的密度，有利于加速生长。

二、地笼张捕

最有效的捕捞方式是用地笼张捕，地笼网是最常用的捕捞工具。每只地笼长约 10～20 米，分成 10～20 个方形的格子，每只格子间隔的地方两面带倒刺，笼子上方织有遮挡网。地笼的两头分别圈为圆形，地笼网以有结网为好。

前天下午或傍晚把地笼放入池边浅水中，最好是有水草的地方，里面放进腥味较浓的鱼块、鸡肠等作诱饵效果更好，网衣尾部露出水面。傍晚时分，小龙虾出来寻食时，闻到腥味，寻味而至，碰到笼子后，笼子上方有网挡着，爬不上去，便四处找入口，就钻进了笼子，并滑向笼子深处。第二天早晨就可以从笼中倒出小龙虾，然后进行分级处理，大的按级别出售，小的继续饲养，这样一直可以持续上市到 10 月底。如果每次的捕捞量非常少，可暂时停止捕捞。

为了提高捕捞效果，每张笼子在连续张捕 5 天后，就要取出放在太阳下曝晒一两天，然后换个地方重新下笼，效果更好。

三、手抄网捕捞

把虾网上方扎成四方形，下面留有带倒锥状的漏斗，沿稻田边沿地带或水草丛生处，不断地用杆子赶，虾进入四方形抄网中，提起网，小龙虾就留在了网中。这种捕捞法适宜用在水浅而且小龙虾密集的地方，特别是在水草比较茂盛的地方效果非常好。

四、干池捕捉

生产中一般先用地笼捕捞，等天气转冷，一般在 9 月份以后，小龙虾的运动量减少的时候再干塘捕捞。

抽干水塘的水，小龙虾便集中在塘底，用人工手拣的方式捕捉。要注意的是，抽水之前最好先将池边的水草清理干净，避免小龙虾躲藏在草丛中；抽水的速度最好快一点，以免小龙虾进洞。

五、船捕

对于面积较大的稻田，可以利用小型的捕捞船在稻田中央捕捞或从事投喂、检查生长情况等活动。

六、迷魂阵捕虾

华东地区的小龙虾养殖户将大水面的迷魂阵捕鱼法稍加改革，用于捕捞小龙虾，效果很好。这种捕捞方法主要用于大面积的规模化养殖的稻田。

第二节　幼虾的运输

一、不建议运输幼虾的原因

虾苗不容易运输，运输时间不宜超过 3 小时，否则会影响成活率。根据滁州市水产技术推广站在 2005 年、2006 年、2007 年所做的共八次的试验情况来看，一般条件下运输，运输时间在 1.5 小时内，成活率达 70%；运输时间超过 3 小时，死亡率高达 60%；超过 5 小时，下水的虾苗几乎死光。

二、运输技巧

如果因为特殊情况，确实需要运输幼虾，一定要做好以下几点工作，确保运输的成活率：一是要准确确定运输路线，不走弯路；二是准确计算行程，确保运输时间在 2 小时内，在计划时间内运达，防止因车辆及道路交通情况等原因造成延误，延长运输时间，影响虾的成活率；三是在不同季节运输，还应根据气候条件采取适当措施，如保温、降温、防雨等，以确保安全运输；四是要确定运输方法，有的养殖户采取和河蟹大眼幼体一样的干法运输（即无水运输），此法死亡率是非常高的，因此建议养殖户采用带水充氧运输。

三、塑料袋充氧运输

在运输前先检查幼虾的质量，要求幼虾体格健壮、密度适当、水质清新，途中避免阳光直射。运输前一天可将幼虾集中在网箱中暂养，使其适应高密度环境。

塑料袋充氧运输密度大、运输距离远、成活率高。装水5千克的塑料袋能装运稚虾2万～3万尾，3厘米长的幼虾2000尾，幼虾越大装得越少。装完幼虾后充氧气，然后扎紧，在水温15℃时能运输8小时以上。短途运输一般用水桶担运。无论采用何种运输方式，装运数量应视运输距离、虾大小、天气等情况灵活掌握。幼虾运达目的地入池前，将塑料袋放于池中逐渐调温，直至袋中水温与池水接近才放虾入池。

第三节　亲虾和成虾的运输

亲虾和成虾都属于大虾，它们的运输相对容易得多。

一、挑选健壮、未受伤的小龙虾

在运输小龙虾之前，从渔船上或养殖场开始就要对运输用的活虾进行小心处理。也就是说，要从虾笼上小心地取下所捕到的小龙虾，把体弱、受伤的与体壮的、未受伤的分开，然后把体壮的、未受伤的小龙虾放入有新鲜流动水的容器或存养池中。如果是远距离购买并运输，最好在清水中暂养24小时，再次选出体壮的小龙虾。

二、要保持一定的湿度和温度

在运输小龙虾时，环境湿度的控制很重要，相对湿度为70％～95％可以防止小龙虾脱水，降低运输中的死亡率。运输时可以使用水花生或麻袋装在容器内，并在面上洒水，运输的时间不要超过5小时。

三、运输容器和运输方法

存放小龙虾的容器必须绝热，不漏水，轻便，易于搬运，能经受住一定的压力。目前使用比较多的是泡沫箱。每箱装虾15千克左右，在里面装上2千克的冰块，再用封口胶将箱口密封，即可进行长途运输。

用塑料筐运输也是常用的一种方法，把每个塑料筐内装上虾，一般60厘米×40厘米×20厘米（长×宽×高）的塑料筐，每筐装虾10千克。加盖捆扎后，根据运输水槽的容积，把装好虾的塑料筐分层装入水槽内水中，开启充氧设备启动水循环过滤系统。运输用水的水温一般控制在10～12℃。当自然水温高时，采用加冰调节水温。采用这种运输方法，运输量大，虾不会产生叠压，成活率较高，途中管理较为方便。在正常情况下，运输10小时之内是安全的。在具备充氧水循环过滤条件的汽车运输水槽内，分层铺设网式塑料隔挡，分层装虾，以提高水槽的运量及成活率，可以防止因虾多叠压而影响成活率。

还有一种更简便的运输方法就是用蒲包、网袋、木桶等装运。在箩筐内衬以用水浸泡过的蒲包，再把小龙虾放入蒲包内，蒲包扎紧，以减少亲虾体力的消耗，运输途中防止风吹、曝晒和雨淋。

四 、 运输途中管理

① 随时检查运输器具有无损坏，充气系统有无故障，发现问题及时采取补救措施。

② 观察虾的活动情况，如发现容器内严重缺氧，应采用增氧措施。

③ 长途运输需换水时，换水量不要超过原水量的2/3，加入的新水必须清新和含氧充足，换水时温差不能太大，亲虾不超过3℃。

④ 清除小龙虾的排泄物，减少耗氧因素。在运输容器中，及时吸除底部小龙虾的粪便和浮在水面的黏液、泡沫等有机物，对于保持良好水质，提高运输成活率，大有好处。

五 、 试水后放养

从外地购进的亲虾，因离水时间较长，放养前应将虾种在池水内浸泡1分钟，提起搁置2～3分钟，再浸泡1分钟。如此反复2～3次，让亲虾体表和鳃腔吸足水分后再放养，以提高成活率。

亲虾离水的时间应尽可能短，一般不要超过2小时，在室内或潮湿的环境下时间可适当长一些。

第十章 小龙虾的
病害防治

由于小龙虾的适应性和抗病能力都很强，因此目前发现的疾病较少，常见的病与河蟹、青虾、罗氏沼虾等甲壳类动物疾病相似。

第一节 病 害 原 因

由于小龙虾患病初期不易发现，一旦发现，病情就已经不轻，用药治疗作用不明显，疾病不能及时治愈，易导致大批死亡而使养殖者陷入困境。所以防治小龙虾疾病要遵循"预防为主、防重于治、全面预防、积极治疗"的原则，控制虾病的发生和蔓延。

为了很好地掌握发病规律和防止虾病的发生，首先必须了解发病的原因。小龙虾发病原因比较复杂，既有外因也有内因。查找根源时，不应只考虑某一个因素，应该把外界因素和内在因素联系起来加以考虑，才能正确找出发病的原因。

一、环境因素

影响鱼类健康的环境因素主要有水温、水质等。

1. 水温

小龙虾是冷血动物，在正常情况下，体温随外界环境尤其是水体的水温变化而发生改变。当水温发生急剧变化时，机体由于适应能力不强而发生病理变化乃至死亡。例如小龙虾苗在入池时要求温差低于3℃，否则会因温差过大而生病，甚至大批死亡。

2. 水质

小龙虾为维持正常的生理活动，要求有适合生活的良好水环境。水质的好坏直接关系到小龙虾的生长，影响水质变化的因素有水体的酸碱度（pH）、溶氧（DO）、生物耗氧量（BOD）、透明度、氨氮含量及微生物等理化指标。在这些指标适宜的范围内，小龙虾生长发育良好，一旦水质环境不良，就可能导致小龙虾生病或死亡。

3. 化学物质

池水化学成分的变化往往与人们的生产活动、周围环境、水源、生物活动（鱼虾类、浮游生物、微生物等）、底质等有关。如虾池长期不清塘，池底堆积大量没有分解的剩余饵料、水生动物粪便等，这些有机物在分解过程中会大量消耗水中的溶解氧，同时还会释放出硫化氢、沼气、碳酸气等有害气体，毒害小龙虾。有些地方，土壤中重金属盐（铅、锌、汞等）含量较高，在这些地方修建虾池，容易引起弯体病。工厂、矿山和城市排出的工业废水和生活污水日益增多，含有重金属毒物、硫化氢等物质的废水如进入虾池，会引起小龙虾的大量死亡。

二、病原体

导致小龙虾生病的病原体有真菌、细菌、病毒、原生动物等，这些病原体是影响小龙虾健康的罪魁祸首。另外，还有些直接吞食或直接危害小龙虾的敌害生物，如池塘内的青蛙会吞食软壳小龙虾，池塘里如果有乌鳢生存，对小龙虾的危害极大。

病原体传染力的大小与病原体在宿主体内定居、繁衍以及从宿主体内排出的数量有密切关系。水体条件恶化，有利于寄生生物生长繁殖的环境，其传染能力就较强，对小龙虾的致病作用也明显；如果利用药物杀灭或生态学方法抑制病原体活力来减少或消灭病原体，例如定期用生石灰清塘消毒，或投放硝化细菌增加溶氧、净化水质等生态学方法处理水环境，就不利于寄生生物的生长繁殖，对小龙虾的致病作用就明显减轻，虾病发生机会降低。因此，切断病原体进入养殖水体的途径，有的放矢地进行生态防治、药物防治和免疫防治，将病原体控制在不危害小龙虾的程度以下，才能减少小龙虾疾病的发生。

三、自身因素

小龙虾自身因素的好坏是决定其能否抵御外来病原菌的重要因素。例如一尾自体健康、甲壳完整的小龙虾，能依靠它那厚厚的甲壳有效地预防部分疾病的发生，而软壳虾对疾病的抵抗能力就要弱得多。

四、人为因素

1. 操作不慎

在饲养过程中，经常要给养虾池换水、清洗网箱，捞虾、运输时，有时会因操作不当或动作粗糙，导致碰伤小龙虾，造成附肢缺损或自切损伤，这样很容易使病菌从伤口侵入，使小龙虾感染患病。

2. 外部带入病原体

从自然界中捞取活饵、采集水草和投喂时，由于消毒、清洁工作不彻底，可能带入病原体。另外，病虾用过的工具未经消毒又用于无病虾也能重复感染或交叉感染。

3. 饲喂不当

大规模养虾基本上是靠人工投喂饲养，如果投喂不当，投食不清洁或变质的饲料，或饥或饱及长期投喂干饵料，饵料品种单一，饲料营养成分不足，缺乏动物性饵料和合理的蛋白质、维生素、微量元素等，这样小龙虾就会缺乏营养，造成体质衰弱，容易感染疾病。当然，投饵过多，投喂的饵料变质、腐败，易引起水质腐败，促进细菌繁殖，导致小龙虾生病。

4. 环境调控不力

小龙虾对水体的理化性质有一定的适应范围。如果单位水体内载虾量太多，易导致生态环境恶劣，加上不及时换水，虾的排泄物、分泌物过多，二氧化碳、氨氮增多，微生物滋生，蓝绿藻类浮游植物生长过多，都可使水质恶化，溶氧量降低，使虾发病。

5. 放养密度不当和混养比例不合理

合理的放养密度和混养比例能够增加虾产量，但放养密度过大，会造成缺氧，并降低饵料利用率，引起小龙虾的生长速度不一致，大小悬殊。同时由于虾缺乏正常的活动空间，加之代谢物增多，会使其正常摄食生长受到影响，抵抗力下降，发病率增高。另外，不同规格的虾同池饲养，在饵料不足的情况下，易发生以大欺小和相互咬伤现象，造成较高的发病率。当然鱼、虾类在混养时应注意比例和规格，如比例不当，也不利于小龙虾的生长。

6. 饲养池及进排水系统设计不合理

饲养池特别是其底部设计不合理时，不利于池中的残饵、污物的彻底排除，易引起水质恶化，使虾发病。进排水系统不独立，一池虾发病往往也传播到另一虾池。特别是在大面积精养时或水流池养殖时更要注意预防这种情况。

7. 消毒不够

虾体、池水、食场、食物、工具等消毒不够，会使虾的发病率大大增加。

第二节　小龙虾疾病的预防措施

小龙虾疾病防治应本着"防重于治、防治结合"的原则，贯彻"全面预防、积极治疗"的方针。目前常用的预防措施和方法有：

一、容器的浸泡和消毒

1. 水泥池的处理

对刚修建的水泥池，使用前一定要经过认真洗净，还须盛满清水浸泡数天到一周，进行"退火"或"去碱"。

对长期不用的容器，在使用前均应用盐水或高锰酸钾溶液消毒浸洗后再使用。

2. 池塘处理

小龙虾进池前要消毒清池，消毒方法前文已有详细介绍，在此不再赘述。

二、加强饲养管理

小龙虾生病，可以说大多数是由于饲养管理不当而引起的。所以加强饲养管理，改善水质环境，做好"四定"的投饲技术是防病的重要措施。

定质：饲料新鲜清洁，不喂腐烂变质的饲料。

定量：根据不同季节、气候变化、小龙虾食欲反应和水质情况适量投饵。

定时：要在一定时间投饲。

定点：设置固定饵料台，可以观察小龙虾吃食，及时查看小龙虾的摄食能力及有无病症，同时也方便对食场进行定期消毒。

三、控制水质

一定要杜绝和防止引用工厂废水，使用符合要求的水源。定期换冲水，保持水质清洁，减少粪便和污物在水中腐败分解释放有害气体，调节池水水质。可定期用生石灰全池泼洒，或定期洒光合细菌或 EM 菌，消除水体中的氨氮、亚硝酸盐、硫化氢等有害物质，保持池水的酸碱度平衡和溶氧水平，使水体中的物质始终处于良性循环状态，解决池水老化等问题。

四、做好药物预防

1. 小龙虾消毒

在小龙虾投放前，最好对虾体进行科学消毒，常用方法为 3%～5%食盐水浸洗 5 分钟。

2. 工具消毒

日常用具，应经常曝晒和定期用高锰酸钾、敌百虫溶液或浓盐开水浸泡消毒。尤其是接触病虾的用具，更要隔离消毒，并使用专用的用具。

五、提供优质生活环境

主要是提供龙虾所需要的水草或洞穴等。一是人工栽草；二是利用自然水草；三是利用水稻秸秆等。

第三节 科学用药

一、药物选用的基本前提

药物选择正确与否直接关系到疾病的防治效果和养殖效益，所以在选用药物时，讲究以下几条基本原则：

1. 有效性原则

为使患病小龙虾尽快好转和恢复健康，减少生产上和经济上的损失，在用药时应尽量选择高效、速效和长效的药物，用药有效率应达到 70% 以上。

2. 安全性原则

药物的安全性主要表现在以下三个方面：一是药物在杀灭或抑制病原体的有效浓度范围内对小龙虾本身的毒性损害程度要小，因此有的药物疗效虽然很好，但因毒性太大在选药时不得不放弃，而改用疗效居次、毒性作用较小的药物；二是对水环境的污染及其对水体微生态结构的破坏程度要小，甚至对水域环境不能有污染；三是对人体健康的影响程度也要小，在小龙虾被食用前应有一个停药期，并要尽量控制使用药物，特别是对确认有致癌作用的药物，如孔雀石绿、呋喃丹、敌敌畏、六六六等，应坚决禁止使用。

3. 廉价性原则

选用药物时，应多作比较，尽量选用成本低的药物。许多药物，其有效成分大同小异，或者药效相当，但相互间价格相差很远，因此要注意选用药物。

4. 方便性原则

由于给小龙虾用药极不方便，可根据水域情况，确定到底是使用泼洒法、口服法还是浸泡法给药，应选择疗效好、安全、使用方便的用药方法。

二、辨别药物的真假

辨别药物的真假可从以下三个方面判断：

1. "五无"型的药物

无商标标识、无产地（即无厂名厂址）、无生产日期、无保存日期、无合格许可证，这种药物连基本的外包装都不合格，是最典型的假药。

2. 冒充型药物

这种冒充表现在两个方面：一种情况是商标冒充，主要是一些见利忘义的厂家发现市场俏销或正在宣传的药物，即推出同样包装、同样品牌的产品或冠以"改良型产品"之名；另一种情况就是一些生产厂家利用一些药物的可溶性特点将一些粉剂药物改装成水剂药物，然后冠以新药之名投放市场。这种冒充型的假药具有一定的欺骗性，普通的养殖户一般难以识别，需要专业人员及时进行指导。

3. 夸效型药物

具体表现就是一些药物生产企业不顾事实，肆意夸大诊疗范围和效果。有时我们可见到部分药物包装袋上的广告吹得天花乱坠，声称包治百病，实际上疗效不明显或根本无效，见到这种能治所有虾病的药物应摒弃不用。

三、按规定的剂量和疗程用药

一般泼洒用药连续 3 天为一个疗程，内服用药 3～7 天为一个疗程。在防治疾病时，必须用药 1～2 个疗程，至少用 1 个疗程，保证治疗彻底，否则疾病易复发。有一些养殖户为了省钱，往往看到虾的病情有一点好转就不再用药，这种用药方法是不值得提倡的。

在小龙虾疾病的防治上，不同的剂型、不同的用药方式，对药效的影响是不同的。例如内服药的剂量是按小龙虾体重来计算的，而外用消毒药物的剂量则是按照小龙虾生活的水体体积来计算的，不同的剂量不仅可以造成药物作用强度的变化，甚至还能造成药物发生质的变化。当药物剂量过小时，对小龙虾疾病的防治起不到任何作用，将能够使病虾产生药效作用的最小剂量称为最小有效量；当药物持续增量达到小龙虾所能忍受的最大剂量但并没有中毒，这时的最大剂量称为最大耐受量。在防治虾病时，对药物的使用范围都是集中在最小有效量和最大耐受量之间，也就是我们常说的安全范围。在这个安全范围内，随着药物剂量的增加，药效也随之增加。在具体应用时，要灵活掌握剂量，这与小龙虾的健康状况、使用环境、药物剂量等多种因素有关。

四、科学计算用药量

虾病防治上内服药的剂量通常按小龙虾体重计算，外用药则按水的体积计算。

1. 内服药的药量控制

首先应比较准确地推算出养殖水体内小龙虾的总重量，然后折算出给药量的多少，根据小龙虾环境条件、吃食情况确定小龙虾的吃饵量，将药物混入饲料中制成药饵进行投喂。

2. 外用药的药量控制

先算出水的体积。水体的面积乘以水深就得出体积，再按施药的浓度算出药量，如施药的浓度为 1 毫克/升，则 1 米^3 水体应该用药 1 克。

如某口虾池长 100 米，宽 40 米，平均水深 1.2 米，那么使用药物的量就应这样推算：虾池水体的体积是 100 米×40 米×1.2 米＝4800 米^3，假设某种药的用药浓度为 0.5 克/米^3，那么按规定的浓度算出药量为 4800 米^3×0.5 克/米^3＝2400 克。因此，这口小龙虾池需用药 2400 克。

3. 不要随意加大用药量

在为小龙虾养殖户提供技术服务时，我们常常发现一个现象，就是一些养殖户在用药时会自己随意加大用药量，有的甚至比技术员为他开出的药方剂量高出 3 倍左右。养殖户加大药剂量的随意性很强，往往今天用 1 毫克/升的量，明天就敢用 3 毫克/升的量，在他们看来，用药量大了，就会起到更好的治疗效果。这种观念是非常错误的，任何药物只有在合适的剂量范围内，才能有效地防治疾病。如果剂量过大甚至达到小龙虾致死浓度，则会发生小龙虾药物中毒事件。所以用药时必须严格掌握剂量，不能随意加大剂量，当然也不要随意减少剂量。为了对患病小龙虾起到更好的治疗作用，在开出虾病用药处方时，技术员会结合小龙虾的身体情况、水环境情况和药物的特征，在剂量上已经适当提高了 20％左右，所以一旦养殖户随意加大用量，极有可能会导致小龙虾中毒死亡。

五、正确的用药方法

小龙虾患病后，首先应对其进行正确而科学的诊断，根据病情病因确定有效的药物；其次是选用正确的给药方法，充分发挥药物的效能，尽可能减少副作用。不同的给药方法，决定了对虾病治疗的不同效果。

常用的小龙虾给药方法有以下几种：

1. 挂袋（篓）法

挂袋（篓）法即局部药浴法，把药物尤其是中草药放在自制布袋或竹篓或袋泡茶纸滤袋里挂在投饵区中，形成一个药液区。当小龙虾进入食区或食台时，使小龙虾得到消毒和杀灭小龙虾体外病原体的机会。通常要连续挂3天，常用药物为漂白粉。另外，池塘四角水体循环不畅，病菌病毒容易滋生繁衍；靠近底质的深层水体，有大量病菌病毒生存；固定食场附近，小龙虾和混养鱼的排泄物、残剩饲料集中，病原物密度大。对这些地方，必须在泼洒消毒药剂的同时进行局部挂袋处理，比重复多次泼洒药物效果好得多。

此法只适用于预防及疾病的早期治疗。优点是用药量少，操作简便，没有危险及副作用小。缺点是杀灭病原体不彻底，因只能杀死食场附近水体的病原体和常来吃食的小龙虾身体表面的病原体。

2. 浴洗（浸洗）法

这种方法就是将小龙虾集中到较小的容器中，放在特定配制的药液中进行短时间强迫浸浴，达到杀灭小龙虾体表和鳃上的病原体的目的。此法适用于小龙虾苗种放养时的消毒处理。

浴洗法的优点是用药量少，准确性高，不影响水体中浮游生物生长。缺点是不能杀灭水体中的病原体，所以通常配合转池或运输前后预防消毒用。

3. 泼洒法

泼洒法就是根据小龙虾的病情和池中总的水量算出各种药品剂量，配制好特定浓度的药液，然后向虾池内慢慢泼洒，使池水中的药液达到一定浓度，从而杀灭小龙虾身体及水体中的病原体。

泼洒法的优点是杀灭病原体较彻底，预防、治疗均适宜。缺点是用药量大，易影响水体中浮游生物的生长。

4. 内服法

内服法就是把治疗小龙虾疾病的药物或疫苗掺入小龙虾喜吃的饲料，或者把粉状的饲料挤压成颗粒状、片状后投喂小龙虾，从而杀灭小龙虾体内病原体的方法。但是这种方法常用于预防，或在虾病初期采用，同时，使用这种方法有一个前提，即小龙虾自身一定要有食欲，一旦病虾已失去食欲，此法就不起作用了。

5. 浸沤法

只适用于中草药预防虾病，将草药扎捆浸沤在虾池的上风头，或分成数堆，杀死池中及小龙虾体外的病原体。

6. 生物载体法

生物载体法即生物胶囊法。当小龙虾生病时，一般都会食欲大减，生病的小龙虾很少主动摄食，要想让它们主动摄食药饵或直接喂药就更难，这个时候必须把药包在小龙虾特别喜欢吃的食物中，特别是鲜活饵料中，就像给小孩喂食糖衣药片或胶囊药物一样，可避免药物异味引起小龙虾厌食。生物载体法就是利用饵料生物作为运载工具摄取一些特定的物质或药物后，再由小龙虾捕食到体内，经消化吸收而达到治疗疾病的目的，这类载体饵料生物有丰年虫、轮虫、水蚤、面包虫及蝇蛆等天然活饵。常用的生物载体是丰年虫。

第四节　小龙虾疾病的治疗原则

小龙虾疾病的生态预防是"治本"，而积极、正确、科学地利用药物治疗虾病则是"治标"，本着"标本兼治"的原则，对疾病进行有效治疗，是降低或延缓疾病蔓延、减少损失的必要措施。

一、先水后虾

"治病先治鳃，治鳃先治水"，对小龙虾而言，鳃比心脏更重要，鳃病是引起小龙虾死亡的最重要病害之一。鳃不仅是小龙虾进行气体交换的重要场所，也是钙、钾、钠等离子交换及氨、尿素排泄的场所。因此，只有尽快地治疗鳃病，改善其呼吸代谢机能，才能有利于防病治病。

二、先外后内

先治理体外环境，然后才是对内脏疾病的治疗。

三、先虫后菌

寄生虫尤其是大型寄生虫对小龙虾体表具有巨大的破坏力，而伤口正是细菌入侵感染的途径，并由此产生各种并发症，所以防治病虫害就成为虾病防治的第一步。

第五节　小龙虾主要疾病及防治

小龙虾比河蟹、青虾等水产品抗病能力强，但是人工养殖条件下，对其病害防治不可掉以轻心。

一、黑鳃病的诊断及防治

1. 病原病因

多种弧菌、真菌大量繁殖感染导致黑鳃。

2. 症状特征

鳃受感染变为黑色，引起鳃萎缩、局部霉烂，病虾往往行动迟缓，伏在岸边不动，最后因呼吸困难而死。

3. 流行特点

10 克以上的小龙虾易受感染。

4. 危害情况

可引起小龙虾的大量死亡。

5. 预防措施

（1）放养前彻底用生石灰消毒，经常加注新水，保持水质清新。

（2）保持饲养水体清洁，溶氧充足，保持水体中溶氧量在 4 毫克/升以上。定期向水体中洒一定浓度的生石灰，进行水质调节，避免水质被污染。

（3）经常清除虾池中的残饵、污物。

（4）种植水草或放养绿萍等水生植物。

6. 治疗方法

（1）把患病虾放在 3%～5% 食盐水中浸洗 2～3 次，

每次 3～5 分钟。

（2）用生石灰 15～20 毫克/升全池泼洒，连续 1～2 次。

（3）用二氧化氯 0.3 毫克/升全池泼洒消毒，并迅速换水。

（4）用二氯海因 0.1 毫克/升或溴氯海因 0.2 毫克/升全池泼洒，隔天再用 1 次，可以起到较好的治疗效果。

二、烂鳃病的诊断及防治

1. 症状

由于多种弧菌、真菌大量侵入小龙虾鳃部组织导致鳃丝发黑、局部霉烂，造成鳃丝缺损，排列不整齐，严重时引起病虾死亡。此病一般都发生在水质不清洁、溶氧量低、池底有机质较多的池塘中。

2. 危害情况

影响小龙虾的摄食和生长，一般在蜕皮时死亡，或在低溶氧时死亡，死亡率一般在 30％左右。

3. 防治

（1）经常清除虾池中的残饵、污物，加强池底改良措施，及时注入新水，保持良好的水体环境，保持水体中溶氧量在 4 毫克/升以上，避免水质被污染。

（2）种植水草或放养绿萍等水生植物。彻底换水，使水质变清、变爽，若不能大量换水，则使用水质改良剂进行水质改良。

（3）用二氯海因 0.1 毫克/升或溴氯海因 0.2 毫克/升全池泼洒，隔天再用 1 次，可以起到较好的治疗效果。

（4）全池泼洒二溴海因 0.5 毫克/升消毒池水。

（5）结合内服虾康宝 0.5％、VC 酯 0.2％、鱼虾 5 号 0.1％、双黄连抗病毒口服液 0.5％、虾蟹蜕壳素 0.1％。

（6）按每立方米养殖水体 2 克漂白粉，溶于水中后泼洒，疗效明显。

（7）施用池底改良活化素 20～30 千克/（亩·米）＋复合芽胞杆菌 250 克/（亩·米），以改善底质和水质。

（8）全池用生石灰 100～150 千克/亩清塘消毒。

（9）聚维酮碘（有效碘 10％）0.2 毫克/升全池泼洒，重症连用 2 次。

（10）用强氯精 0.3 毫克/升或漂粉精 0.5 毫克/升化水全池泼洒。

三、其他鳃病的诊断及防治

小龙虾主要是靠鳃进行呼吸，所以它的鳃病也比较多，下面是一些不太常见的鳃病，由于它们的特征、危害情况和防治情况有相通之处，故放在一起进行表述。

1. 症状

（1）红鳃病　是由于虾池长期缺氧及某种弧菌侵入虾血液内而引起的全身性疾病。病虾鳃部由黄色变成粉红色至红色，鳃丝增厚、加大，虾体附肢变成红色或深红色。

（2）白鳃病　多发生在藻类大量繁殖、池水 pH 值过高、长期不换水造成水质败坏的池塘。病虾鳃部明显变白，鳃丝增生。

（3）黄鳃病　藻类寄生，也可能是细菌感染。病虾初期鳃部为淡黄色，中期鳃部呈橙黄色，后期为土黄色，行动呆滞，不摄食。

2. 危害情况

主要发生在小龙虾的幼体期，蔓延速度最快。从发病到死亡只有 5 天，死亡率达到 80％以上。

3. 防治

（1）用"富氯"0.2 毫克/升全池均匀泼洒，每 3 天一次。

（2）用"虾健康 2 号"，以 1.5％用量加于饲料中，每 10 天使用一次。

（3）采用二氧化氯 2～3 毫克/升溶液浸浴，连续使用 2～4 次即可治愈。

（4）用"虾健康 1 号"以 1％的剂量添加于饵料中，连用 2～4 天即可控制病情，建议用到不再发生死虾时止。

四、甲壳溃烂病的诊断及防治

1. 病原病因

池底恶化、水质不良导致弧菌等细菌大量繁殖引起。

2. 症状特征

病虾甲壳局部出现颜色较深的斑点，严重时斑点边缘溃烂，出现较大或较多空洞导致病虾内部感染，甚至死亡。

3. 流行特点

所有的小龙虾都能感染。

4. 危害情况

可引起小龙虾的死亡。

5. 预防措施

（1）动作轻缓，减少损伤，运输和投放虾苗虾种时，不要堆压和损伤虾体。

（2）饲料要充足供应，防止小龙虾因饵料不足相互争食或残杀。

6. 治疗方法

每亩用 5～6 千克生石灰化浆全池泼洒。

五、出血病的诊断及防治

1. 症状

由气单胞菌引起，病虾体表布满了大小不一的出血斑点，特别是附肢和腹部，肛门红肿，一旦染病，很快死亡。

2. 危害情况

此病来势凶猛，发病率高。幼虾死亡率较高，大虾死亡率相对较低。

3. 防治

发现病虾要及时隔离，并对虾池水体整体消毒。水深1 米的虾池，用生石灰 20～25 千克/亩全池泼洒，最好每月泼洒一次。

内服药物用盐酸环丙沙星按 1.25～1.5 克/千克拌料投喂，连喂 5 天。

六、肌肉变白坏死病的诊断及防治

1. 症状

由于盐度过高、密度过大、温度过高、水质受污染、溶氧过低等不良环境因子的刺激而引起，特别是以上因素突变时易发此病。起初只是尾部肌肉变白，而后虾体前部的肌肉也变白，导致肌肉坏死而死亡。

2. 危害情况

患病小龙虾生长慢，死亡率高。

3. 防治

（1）控制放养密度。

（2）在亲虾运输、幼体下塘时注意水的温差不能太大，平时保持水质清新，溶氧充足，可减少发病。

（3）养殖池塘在高温季节要防止水温升高过快或突然变化，应经常换水，注入新水及增氧。

（4）改善环境条件，保持水质良好，能预防此病发生。

（5）全池泼洒硬壳宝1～2次，然后用双季铵碘0.3～0.4毫克/升消毒2～3次，一般可治愈。

七、烂尾病的诊断及防治

1. 病原病因

点状气单胞菌感染。

2. 症状特征

病虾尾部有水疱，边缘溃烂、坏死或残缺不全，随着病情的恶化，溃烂由边缘向中间发展，严重感染时，病虾整个尾部溃烂掉落。

3. 流行特点

5～8月是流行高峰期。

4. 危害情况

主要危害虾苗虾种。

5. 预防措施

（1）运输和投放虾苗虾种时，不要堆压和损伤虾体。

（2）饲养期间饲料要投足、投匀，防止虾因饲料不足相互争食或残杀。

6. 治疗方法

（1）每立方米水体用茶粕 15～20 克浸液全池泼洒。

（2）每亩水面用强氯精等消毒剂化水全池泼洒，病情严重的连续两次，中间间隔 1 天。

（3）用盐酸环丙沙星按 1.25～1.5 克/千克拌料投喂，连喂 5 天。

八、纤毛虫病的诊断及防治

1. 病原病因

聚缩虫、单缩虫、累枝虫和钟形虫等纤毛虫寄生。

2. 症状特征

累枝虫和钟形虫等纤毛虫附着在虾和受精卵的体表、附肢、鳃上，妨碍虾的呼吸、游泳、活动、摄食和蜕壳，影响生长发育。病虾在早晨浮于水面，反应迟钝，行动迟缓，对外界刺激无敏感反应，大量附着时，会引起虾缺氧而窒息死亡。

3. 流行特点

（1）成虾、幼虾和虾卵都能感染。

（2）在有机质多的水中极易发生。

4. 危害情况

少量寄生时，对小龙虾影响不大，但大量寄生时，小龙虾不摄食，不蜕壳，生长受阻，可引起小龙虾死亡。

5. 预防措施

（1）彻底清塘消毒，杀灭池中的病原体，经常加注新水，降低水的有机质含量，保持水质清新。

（2）在养殖过程中经常采用池底改良活化素、光合细菌、复合芽胞杆菌改善水质和底质。

（3）合理投饵，促使虾蜕壳。

6. 治疗方法

（1）用硫酸铜、硫酸亚铁（5∶2）0.7克/米³全池泼洒。

（2）用3%～5%食盐水浸洗，3～5天为一个疗程。

（3）用25～30毫克/升福尔马林溶液浸洗4～6小时，连续2～3次。

（4）用20～30毫克/升生石灰全池泼洒，连续3次，使池水透明度提高到40厘米以上。

（5）全池泼洒农康宝1号0.2毫克/升，隔天全池泼洒二溴海因0.2毫克/升。

（6）茶籽饼浸液，全池泼洒，浓度为10～15毫克/升，促使虾蜕皮，蜕皮后换水。

（7）在饲料中添加鱼虾5号0.1%、虾蟹脱壳素0.1%、虾康宝0.5%、VC酯0.2%，以利于蜕壳除掉纤毛虫。

（8）用1～2毫克/升高锰酸钾和0.4毫克/升硫酸铜药浴治疗。

（9）将患病的小龙虾在0.02微升/升醋酸溶液中药浴1分钟，大部分固着类纤毛虫即被杀死。

九、烂肢病的诊断及防治

1. 症状

能分解几丁质的弧菌侵袭到小龙虾体内，病虾腹部及附肢腐烂，呈铁锈色或烧焦状，肛门红肿，摄食量减少甚至拒食，活动迟缓，严重者会死亡。

2. 危害情况

轻者影响小龙虾的生长发育，严重时可导致小龙虾死亡。

3. 防治

（1）在捕捞、运输、放养等过程中要小心，不要让虾受伤。

（2）加强水质管理，用池底改良活化素结合光合细菌或复合芽胞杆菌调节水质。

（3）放养前用3％～5％盐水浸泡数分钟。

（4）发病后全池泼洒二溴海因0.2毫克/升。

（5）用生石灰 10～20 克/米³ 全池泼洒，连施 2～3 次。

（6）全池泼洒聚维酮碘溶液 300 毫升/（亩·米）。

十、水霉病的诊断及防治

1. 症状

水霉菌丝侵入虾体后导致该病的发生，病虾伤口部位长有棉絮状菌丝，虾体消瘦乏力，行动迟缓，摄食减少，伤口部位组织溃烂蔓延，在体表形成肉眼可见的"白毛"，严重者死亡。小龙虾在捕捞、运输或过池搬运过程中易感染此病，在水质恶化、小龙虾体质虚弱时也易感染该病。

2. 危害情况

该病主要发生于水环境恶化或水温较低（10～18℃）时，特别是阴雨天。危害程度相对较轻，但水霉病严重时可造成小龙虾死亡。

3. 防治

（1）在捕捞、运输、放养等操作过程中小心仔细，不要让小龙虾受伤，虾苗进池后，可泼洒些消毒药物（如强氯精、漂粉精、二氧化氯等）。

（2）用生石灰彻底清塘消毒。

（3）大批蜕壳期间，增加动物性饲料，减少同类互残。

（4）每100千克饲料加克霉唑50克制成药饵连喂5～7天。

（5）用3％～5％食盐水溶液浸洗5分钟，也可以用市场上出售的专门治疗水霉病的药物整个水体泼洒。

（6）用福尔马林20～25毫克/升全池泼洒，24小时后换水，换水量一半以上。

（7）双季铵碘或二氧化氯0.3～0.4毫克/升全池泼洒，连用2次。

十一、软壳病的诊断及防治

1. 症状

患病虾的甲壳薄，明显变软（非蜕壳引起），与肌肉分离，易剥离，活动减弱，生长缓慢，体色发暗。发生的原因主要有以下几种：一是投饵不足或营养长期不足，小龙虾长期处于饥饿状态；二是换水量不足或长期不换水；三是有机磷杀虫剂抑制甲壳中几丁质的合成；四是池塘水质老化，有机质过多，或放养密度过大，pH值低，从而引起小龙虾的软壳病。

2. 危害情况

小龙虾的生长速度受到影响，体长和体重明显小于正常虾，严重者有死亡现象。

3. 防治

（1）适当加大换水量，改善养殖水质，供应足够的优质饲料。

（2）施用复合芽胞杆菌 250 毫升/（亩·米），促进有益藻类的生长，并调节水体的酸碱度。

（3）全池泼洒池底改良活化素 20 千克/（亩·米）。

（4）在饲料中添加鱼虾 5 号 0.1％、虾蟹蜕壳素 0.1％、虾康宝 0.5％、VC 酯 0.2％、营养素 0.8％，提高各种微量元素的含量。

十二、黑壳病的诊断及防治

1. 症状

一些附着性硅藻、褐藻、丝状藻等寄生在小龙虾体表上，小龙虾体色变黑或墨绿色，小龙虾体质差，活动力明显减弱，不能顺利蜕壳。

2. 危害情况

导致小龙虾不能顺利蜕壳，遇池中缺氧，可引起大批死亡。

3. 防治

（1）虾池的水源应水质良好，无污染。

（2）每亩用生石灰 150 千克清塘消毒。

（3）夏秋季勤换水，保持水质清新。冬春季灌满水，水质透明度保持 30～40 厘米。

（4）用甲壳爽 0.3～0.4 毫克/升全池泼洒，重症隔日再用一次。

（5）甲壳宁 0.3～0.4 毫克/升使用一次，隔日用 0.3～0.4 毫克/升溴氯海因或 0.2～0.4 毫克/升二溴海因泼洒一次，可治愈。

（6）硫酸锌 0.3～0.4 毫克/升全池泼洒，重症隔日再用一次。

（7）硫酸锌 0.3～0.4 毫克/升使用一次，隔日用 0.3～0.4 毫克/升溴氯海因泼洒一次。

十三、其他的虾壳病的诊断及防治

小龙虾的虾壳病还有蜕壳困难症和硬壳病等。

1. 症状

（1）蜕壳困难症 小龙虾不能顺利蜕壳而致死，可能是营养性疾病。

（2）硬壳病 全身甲壳变硬，有明显粗糙感，虾壳无光泽，呈黑褐色，生长停滞，有厌食现象。可能由于营养不良，水质中钙盐过高或池底水质不良，或疾病感染，附生藻类或纤毛虫等引起。

2. 危害情况

轻者影响小龙虾的蜕壳与生长，严重者可引起小龙虾的死亡。

3. 防治

（1）增加营养，在饵料中添加藻类或卵磷脂、豆腐均可减少该病发生，也可在虾饵中添加蜕壳素来预防。

（2）供应优质饲料，改善水质。

（3）当水质或池底不良时，应先大量换水或换池。

（4）用浓度为 5 毫克/升的茶粕浸浴，再调节温度、盐度以刺激蜕壳。

十四、水网藻和水绵的防治

虽然部分水绵和水网藻可以为小龙虾提供一定的食物来源，但是覆盖面过大时就会遮住水面，影响水中溶氧和阳光的通透性，对小龙虾的生长发育极为不利，所以一旦水网藻过多，就要人工捞走。

十五、中毒的诊断及防治

1. 症状

根据小龙虾发病情况可以分为两类：一类发病慢，出现呼吸困难，摄食减少，零星死亡，可能是池塘内有机质腐烂分解引起的中毒，属于慢性中毒积累而死亡；另一类发病急，出现大量死亡，尸体上浮或下沉，在清晨池水溶氧量低下时更明显，属于急性中毒死亡。小龙虾鳃丝表面无有害生物附生，也没有典型的病灶。据分析，小龙虾中毒的主要原因有：一是池底不干净，淤泥较厚，池中有机物腐烂分解，产生大量氨氮、硫化氢、亚硝酸盐等物质，能引起虾鳃以及肝胰腺的病变，引起慢性死亡；二是含有汞、铜、锌、铅等重金属元素、废油，以及其他有毒性的化学品流入池内，导致虾类中毒；三是靠近农田的养殖小区，由于管理不慎或人为因素，致使农药、化肥或其他药物进入池中，从而导致小龙虾急性死亡，这是目前小龙虾中毒的最主要原因。

2. 危害情况

轻者影响小龙虾的生长和蜕壳，导致小龙虾生长变缓，重者可导致小龙虾在短时间内大批死亡，甚至全军覆没。

3. 防治

（1）加强巡视，在建虾池时，要调查周围的水源，看有无工业污水、生活污水、农田生产用水等排入，看周围有无新建排污化工厂。

（2）清理污染源，清理水环境，选择符合生产要求的水源，请环保部门监测水源水，看有毒有害物质是否超标。

（3）一旦发生中毒事件，要立即进行抢救，将活虾转移到经清池消毒的新池中去，并冲水增加溶氧量，或排注没有污染的新水源进行稀释。

十六、生物敌害的防治

对小龙虾有影响的生物敌害主要有水蛇、青蛙、蟾蜍、老鼠、凶猛鱼类（特别是乌鳢、鳜鱼、鲶鱼、鲈鱼）、鸟类（主要是鹭类和鸥类水鸟）、青苔等。

防治：

（1）建好防逃墙，并经常维护检查，如虾池中发现有凶猛鱼类活动，要及时捕杀。

（2）进水口严格过滤，防止小害鱼及鱼卵进入池内，进水口要设置拦网。如发现池中有小害鱼及鱼卵，则要用 2 毫克/升鱼藤精进行消毒除害。

（3）一些家禽也是养小龙虾的大害，比如鸭子是绝对不能进入养虾水域的。

（4）由于多数鸟类是自然保护对象，唯有用恫吓的办法进行控制，可用稻草人或用已经死亡的鸟挂在网上的方法来吓唬其他的鸟。

（5）对于水蛇、青蛙、水螅和水老鼠等敌害，在积极预防的同时还要采取"捕、诱、赶、毒"等方法处理。

参 考 文 献

[1] 但丽，张世萍，羊茜，朱艳芳. 克氏原螯虾食性和摄食活动的研究. 湖北农业科学，2007，03：174-177.

[2] 李文杰. 值得重视的淡水渔业对象——螯虾. 水产养殖，1990，(1)；19-20.

[3] 陈义. 无脊椎动物学. 北京：商务印书馆，1956.

[4] 潘建林，宋胜磊，等. 五氯酚钠对克氏原螯虾急性毒性试验. 农业环境科学学报，2005，24 (1)：60-63.

[5] 费志良，宋胜磊，等. 克氏原螯虾含肉率及蜕皮周期中微量元素分析. 水产科学，2005，24 (10)：8-11.

[6] 舒新亚，叶奕住. 淡水螯虾的养殖现状及发展前景. 水产科技情报，1989，(2)：45-46.

[7] 魏青山. 武汉地区克氏原螯虾的生物学研究. 华中农学院学报，1985，4 (1)：16-24.

[8] 姚根娣，孙振中，等. 克氏原螯虾含肉率和营养成分分析. 水产科技情报，1993，20 (4)：177-179.

[9] 唐建清，宋胜磊，等. 克氏原螯虾对几种人工洞穴的选择性. 水产科学，2004，23 (5)：26-28.

[10] 唐建清，宋胜磊，等. 克氏原螯虾种群生长模型及生态参数研究. 南京师大学报：自然科学版，2003，26 (1)：96-100.

[11] 吕佳，宋胜磊，等. 克氏原螯虾受精卵发育的温度因子数学模型分析. 南京大学学报：自然科学版，2004，40 (2)：226-231.

[12] 郭晓鸣，朱松泉. 克氏原螯虾幼体发育的初步研究. 动物学报，1997，43 (4)：372-381.

[13] 张湘昭，张弘. 克氏螯虾的开发前景与养殖技术. 中国水产，2001，(1)：37-38.

[14] 王汝娟，黄寅墨，等. 克氏螯虾与中国对虾微量元素与氨基酸的比较. 中国海洋药物，1996，59 (3)：20-22.

[15] 唐建清，等. 淡水虾规模养殖关键技术. 南京：江苏科学技术出版社，2002.

[16] 舒新亚，龚珞军. 龙虾健康养殖实用技术. 北京：中国农业出版社，2006.

[17] 夏爱军. 龙虾养殖技术. 北京：中国农业大学出版社，2007.

[18] 占家智，羊茜. 施肥养鱼技术. 北京：中国农业出版社，2002.

[19] 占家智，羊茜. 水产活饵料培育新技术. 北京：金盾出版社，2002.

[20] 李继勋. 淡水虾繁育与养殖技术. 北京：金盾出版社，2000.

[21] 沈嘉瑞，刘瑞玉. 我国的虾蟹. 北京：科学出版社，1976.

［22］徐在宽．淡水虾无公害养殖．北京：科学技术文献出版社，2000.

［23］谢文星，罗继伦．淡水经济虾养殖新技术．北京：中国农业出版社，2001.

［24］北京市农林办公室等编．北京地区淡水养殖实用技术．北京：科学技术出版社，1992.

［25］凌熙和．淡水健康养殖技术手册．北京：中国农业出版社，2001.

［26］Comeaux M L. Historical development of the crayfish industry in the United States. Freshwater Crayfish，1975，2：609-620.

［27］Sandiff P A . Aquaculture in the west a perspective . Journal of the World Aquaculture Society，1988，19：73-84.

欢迎订阅农业水产类图书

书号	书 名	定价/元
18413	水产养殖看图治病丛书——黄鳝泥鳅疾病看图防治	29.00
18389	水产养殖看图治病丛书——观赏鱼疾病看图防治	35.00
18240	水产养殖看图治病丛书——常见淡水鱼疾病看图防治	35.00
18391	水产养殖看图治病丛书——常见虾蟹疾病看图防治	35.00
15561	水产致富技术丛书——福寿螺田螺高效养殖技术	21.00
15481	水产致富技术丛书——对虾高效养殖技术	21.00
15001	水产致富技术丛书——水蛭高效养殖技术	23.00
14982	水产致富技术丛书——经济蛙类高效养殖技术	21.00
14390	水产致富技术丛书——泥鳅高效养殖技术	23.00
14384	水产致富技术丛书——黄鳝高效养殖技术	23.00
13547	水产致富技术丛书——龟鳖高效养殖技术	19.80
13162	水产致富技术丛书——淡水鱼高效养殖技术	23.00
13163	水产致富技术丛书——小龙虾高效养殖技术	23.00
13138	水产致富技术丛书——河蟹高效养殖技术	18.00

如需以上图书的内容简介、详细目录以及更多的科技图书信息，请登录 www.cip.com.cn。

邮购地址：(100011) 北京市东城区青年湖南街 13 号　化学工业出版社
服务电话：010-64518888，64519683（销售中心）
如要出版新著，请与编辑联系：010-64519351